都市環境の気候学

候変動に伴う都市の高温化と名古屋の熱中症対策に向けて

大和田道雄・大和田春樹編

神谷俊彦・細野正俊・冨田宗治・
橋本寿朗・三輪　英　著

古今書院

Climatology of the Urban Envioronment

ISBN978-4-7722-5318-5

Kokon Shoin Ltd., Tokyo, 2018

発刊に向けて

近年，IPCC などによる地球温暖化が叫ばれ，その原因が過去の氷河期周期にあたる自然的要因，あるいは化石燃料の大量消費による人為的要因であるかどうかの判断は別として（武田ほか，2007），地球規模の大気大循環変動が緯度帯や地域に及ぼす影響は少なくない。山川（1998）は，気候変動による異常気象と21 世紀の農業環境の悪化を提言している。また，わが国の米の生産量への影響も懸念される（内嶋，1978；吉野・福岡編，山川，2003；吉野，2013)。したがって，地球温暖化が全人類の食料不足を招く危険性を考えると，その原因についての論議よりも，異常気象が地球温暖化によるものであることを実証すべきである(吉野・福岡編；畑江・原沢，2003)。

吉野（2013）は，地球温暖化によって気候が極端化していることは事実であり，2010 年のヨーロッパにおける寒波や日本を含むロシア，ヨーロッパ諸国の猛暑，インドの熱波および中国内陸部やオーストラリアの干ばつなどは，その例であると述べている（吉野，1997；Yoshino，2005；吉野，2010，2012)。また，西岡・原沢（1997）は，地球温暖化がわが国の自然および人への影響を具体的に危惧している（環境省，2001)。

これが異常気象であるかどうかの判断は，各季節に即した気圧配置の出現頻度による総観気候学的な見地からの実証がなされるべきあり，さらに『地球温暖化時代の異常気象』（吉野，2010）では，異常気象とは何かとの定義，および世界各地で起こった具体的な異常気象が地球温暖化に起因するものであることを記している（吉野・福岡編，2003；三上，2005)。

異常気象の原因は子午面循環変動による偏西風波動の影響によるものであり（田中，2007），東アジアの気圧配置はその惑星規模の偏西風によって決定される。その結果，各季節を代表する6種類の気圧配置型に分類することができる（吉野・福岡，1967；吉野・甲斐，1975）。さらに，これを細分類することによって各季節の気候変化がみえてくるのである（福岡，2008）。これらの細分類した各季節のおもな気圧配置が，出現する季節に違いが生じた場合には，一般的にみて異常気象として取り上げられることが多い（吉野，2010）。

例えば，1993年の冷夏はオホーツク海高気圧の勢力が強く，東北各地では冷害となったが（山川，2000），翌年の1994年は梅雨入りのないまま，日本列島のほぼ全域が北太平洋高気圧に覆われた。その結果，全面高気圧型による全国的な猛暑で水源が枯渇し，全国各地で水不足に見舞われた（加藤，1997）。さらに，1995年の東海地方は，猛暑日日数が1994年の夏を上回った。これは，南高北低型の夏型気圧配置によって西日本が北太平洋高気圧に覆われ，南西のフェーン現象を伴った熱風が伊勢湾岸地域に吹き下りたからである（大和田，2006）。

したがって，地域の気象変化は細分類された気圧配置によって異なり，人々の生活に影響を与えていることは否めない事実である。近年，岐阜県多治見市が全国的にも猛暑出現地域として知られるようになったのは，ただ単に内陸盆地としてではなく，総観規模の気圧配置が原因となっているからである（岡田ほか，2014）。

とくに熱帯海域における海面水温の上昇は，ハドレー循環を強化して亜熱帯高圧帯の勢力が増し，貿易風の収束による熱帯内収束帯（ITCZ）を強めていることは事実である（田中，2007）。その結果，南アジア高気圧の東端に位置する東アジアは，亜熱帯ジェット気流の北東シフトによって北太平洋高気圧が張り出しやすくなっている（吉野・福岡編，大和田，2003）。このため，東アジアの夏型気圧配置は全面高気圧型や南高北低型に変容しつつあり（大和田，2015），都市域ではヒートアイランド強度が増してきているのも事実である（三上，2005；藤部，2005）。とくに伊勢湾岸地域では，南高北低型の気圧配置が増してきたことから，名古屋市域の気温はフェーン現象とヒートアイランドの相互作用によって高温化が助長され，異常猛暑が現れやすくなっている（大和田，2015）。

このような，夏季における都市の急激な気温上昇により（藤部，2004，2009），熱中症による死者数も増加している（堀江，2012；星・稲葉，2002；藤部，2013）。このため，教育現場では児童・生徒の体育館やグラウンドでの熱中症による事故が多発することも懸念され（星・稲葉，2002；中井，2007，2012；厚生労働省，2013），また，道路舗装などの屋外労働環境の悪化への配慮には，熱中症予防情報を出して事故を未然に防ぐことが望まれる（黒川ほか，2002；日本救急医学会，2008；堀江，2009，2011；厚生労働省，2013）。さらに，名古屋市の熱帯夜日数の急激な増加傾向を考えると，夜間における高齢者の熱中症への認識を高め医療的配慮を心がける必要がある（中井，1993，2008；日本救急医学会，2010）。

このような事態を鑑み，愛知教育大学地理学教室大和田研究室では 1970 年代後半から気候環境研究会を発足させ，1978 年には名古屋市で最初のヒートアイランド観測を実施した。その後，35 年にわたって名古屋市における暑さの分布調査・研究を継続してきた。このような具体的事例は，国内外を通じても数少ないことと思われる。これまで，異常猛暑だった 1994 年の調査結果，および愛知万博が開催された 2005 年のヒートアイランド調査結果は，朝日新聞（社会面），中日新聞（社会面）および中部読売新聞（コラム）等によって報道された。この報道に市民が高い関心を示したのは，名古屋地方気象台が発表した最高気温と市内各区（16 区）の気温差が大きかったことである。したがって，市民的な立場からは，名古屋市域の詳細な気温分布の実態や体感温度の区別情報の提供が求められている。

このため，名古屋市では 2005 年および 2015 年に，市民団体の大がかりな夏の気温観測（堀越哲美監修，愛知産業大学学長）を実施した。とくに 2015 年は，これに対応して多治見市（吉田代表），春日井市（多々良代表）および豊田市（洲崎代表）でも実施され，各都市の詳細な気温分布の特徴が明らかになってきている。これは，近年の加速する都市の高温化に対しての危機感が，市民にも根づいてきたからであろう。

名古屋市での最初の観測結果は，1980年に『名古屋の気候環境』（大和田道雄編）として取りまとめたが，本著はその後も継続して実施した卒業研究，当初から観測に加わった大学院生，現場の教師，および対流圏上層部の気圧場解析を担当する新たな研究者を加え，35年の時を経て再結成した気候環境研究会（代表・大和田道雄）の会員によって発刊したものである。

この著書が都市高温化による熱環境の変化に対する名古屋市民への警鐘であると同時に，熱中症対策や今後の都市計画策定にあたっての基礎資料となれば幸いである。

（大和田道雄）

目　次

序　文

近年，都市内部の気温が著しく上昇しているといわざるを得ない（山下，1991；藤部，2004；工藤・藤部，2015）。その原因は，地球温暖化による影響とされているが（吉野，2013），その具体的なヒートアイランド現象と大気大循環場のメカニズムとの関係について，明らかにされているとはいいがたい。

都市の高温化は，都市開発による市域の拡大と，それに伴う都市を形成する構成物質の熱容量が大きくなっていることも原因の１つである（近藤・劉，1998；吉野・山下，1998；三上，2005）。その結果，都市特有の気候が形成される。これがヒートアイランド現象である（吉野・福岡編，山下，2003）。しかし，ヒートアイランドは都市化に伴う人工気候の改変で，都市は人類の発展の歴史でもある（吉野・福岡編，山下，2003）。したがって，ヒートアイランド形成の要因は，人口の集中と建造物の増加，都市地下への拡大による人工熱によって都市域の放射収支，熱収支および水収支の改変によるものである（吉野・福岡編，山下，2003）。

また，西沢・山下（1967）は，大都市の日射量が減少している事実を確認し，都市の熱汚染の実態を指摘している（西沢，1973，1977；近藤・劉，1998）。環境省は，地球温暖化の日本への影響としてヒートアイランド対策を盛り込んだ（環境省，2003，2005，2008）。これに対応し，名古屋地方気象台（2009）ではヒートアイランドの監視報告書を出している。

ヒートアイランドの実態を最初に示したのは，山下（2003）によればイギリスのロンドンで実施したHoward（1837）であるという。その後，都市気温の研究がヨーロッパを中心に行われてきたが，ヒートアイランドと呼ばれるようになったのは，第二次世界大戦後になって都市内外の気温分布が明らかにされてからである（吉野・福岡編，山下，2003）。わが国では河村（1964）が，埼玉県熊谷市の都市気温の観測結果を主体として，都市気候の分布の実態を明らかにし（河村，1977），都市の大気環境をまとめた（河村編，1979）。

藤部（1998，1999，2000，2004）は，関東平野内陸部の猛暑日日数の増加が都市化によるものとし，統計値から実証した上で，近年の著しい夏季高温の発生状況を明らかにしている。さらに，藤部（2012，2013）および小野（2009）は都市の気候変動と異常気象との関係，および国内の熱中症による死者数にまで言及している。これに対し，大阪でも西村・鍋島（2006）および奥・桝元（2014）が，ヒートアイランドの調査を実施している。名古屋では，1978 年当時からヒートアイランド観測を継続して実施しており（大和田編，1980），現在に至るまでの時間的・空間的変化について明らかにしてきた実績がある（大和田・大和田，2010）。

気象庁は夏の暑さの指標として夏日（日最高気温 25.0℃以上），真夏日（日最高気温 30.0℃以上）に加え，新たに猛暑日（日最高気温 35.0℃以上）を設けるなど，夏の暑さが加速していることを示唆している。山口（2009）は，過去 100 年間で東京都は約 3.0℃平均気温が上昇し，次いで名古屋の 2.6℃，福岡および京都の 2.5℃の順であることを述べている。この都市高温化の現状を踏まえ，環境省では熱中症の予防対策として，全国で 150 地点の暑さ指数（WBGT）の実況値を，報道のみならずホームページでも配信するようになった。

しかし，ヒートアイランドは，ただ単に都市中心部が郊外地域に比較して気温が高くなる二次元的な現象だけでなく，三次元的な立体構造をなしていて，ドーム状の都市内部の大気が等温層および逆転層によって，排出熱を閉じ込める役目を果たしている（Oke，1987）。これまでの国内外でのヒートアイランドの研究は，都市の大気汚染の原因や浄化対策に関する 3 研究が主だった（Schwab *et al.*，1996）。したがって，中国大陸の各都市における高濃度汚染は，異常とも思える汚染物質の大量排出とともに，大陸特有の浄化機能をもたない内陸地域の重要課題であるといえよう。

ドイツのフライブルクおよびシュツットガルトでは，暑熱による熱環境や大気汚染物質の移流・浄化対策として，周辺山地からの冷気流（山風）が有効であるとの研究がなされており（一ノ瀬，1993；吉野・福岡編，一ノ瀬，2003），また，都市中心部の旧市街地への車の乗り入れ禁止，公共交通のトラム化による軌道緑化によって緑被率を高め，ヒートアイランドを軽減する施策がなされている。

しかし，今日ではヒートアイランドに伴う都市の加速する夏の猛暑が，熱中症の原因として注目されるようになってきた（吉野・福岡，2002；稲葉，2003；福岡，2008；吉野・福岡編；藤部，2013）。これは，わが国を含め先進国のみならず発展途上国でも，熱中症対策が重要な課題となっている。インドでは，熱波による死者が急増しているという（吉野，2015）。そのおもな要因は，地球温暖化に伴う1970年代後半からの急激な気温上昇も否めない事実であることを証明している。

これまで名古屋市は，他都市に比較して夏の暑さが厳しいとされているが，真夏日日数（日最高気温30.0℃以上）では必ずしもそうではない（大和田編，1980）。しかし，日最高気温が35.0℃を上回る猛暑日が多く，とくに37.0℃以上の体温を上回る猛暑では，東京や大阪を凌ぐほどである。その原因は，地球温暖化による大気大循環場の変動に伴う夏型気圧配置の変容である（吉野，2010）。このため，名古屋の異常猛暑の出現日数や熱帯夜日数（日最低気温25.0℃以上）の増加率は著しく，日中のみならず夜間の熱中症搬送患者数が急激な増加傾向を示している。

本著を出版した目的は，都市高温化の要因を探るだけでなく，高齢化社会を迎えた今日，気候変動による日中の最高気温出現時の暑さと熱帯夜の増加の実態を踏まえ，その現状と課題を名古屋市民に知らせることが急務であると考えたからである。

（大和田道雄）

I　地球温暖化と気候変動

1.1　地球温暖化の要因

地球温暖化の要因となる大気中の原因物質は，温室効果ガスと呼ばれる二酸化炭素およびメタンガス，フロンガスなどが主体であるが，二酸化炭素は経済発展に伴う石炭や石油の化石燃料の大量使用によるものである。IPCC（2001）の報告によれば，地球の気温変動の予測から，自然的および人為的要因の両方を考慮して計算した場合には，温暖化傾向が人間活動によるものであると結論づけている（吉野・福岡編，原沢，2003）。

図 1-1-1 は，ハワイのマウナロアで観測された二酸化炭素濃度の経年変動を表したものである。1958 年の観測開始当時は，二酸化炭素濃度の年平均値が 315ppm であるが，1970 年代に入ると 325ppm にまで増加した。これは，1950 年代からの経済発展による化石燃料の大量使用が増加したためである（吉野・福岡編，原沢，2003）。

その後，climate shift（気候シフト）以降の 1980 年代には 335ppm，2000 年は 365ppm, 2010 年には 385ppm, 2015 年になると 400ppm を上回っている。したがって，大気中の二酸化炭素濃度が気候シフト以前は 10 年間で 10ppm の増加であったが，気候シフト以降になると 20ppm で約 2 倍の増加量になった。

気象庁による二酸化炭素濃度の観測地点は，綾里と南鳥島および与那国島である（図 1-1-2）。その結果，観測が開始された 1980 年代後半には年平均 355ppm であるが，それから 35 年後の 2014 年には 400ppm に達している。したがって，

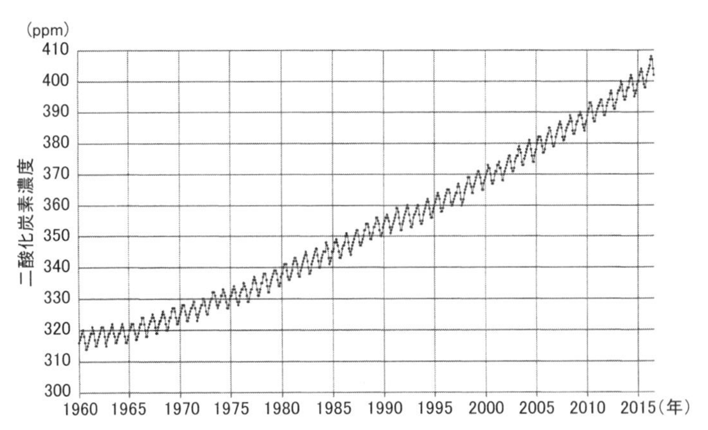

図 1-1-1　ハワイ・マウナロア気象観測所における大気中の CO_2 濃度の経年変動（1960 ～ 2016 年）
CO_2 濃度の季節変化は約 7ppm である.
（気象ハンドブック，1979 に気象庁ホームページ資料を追加修正した）

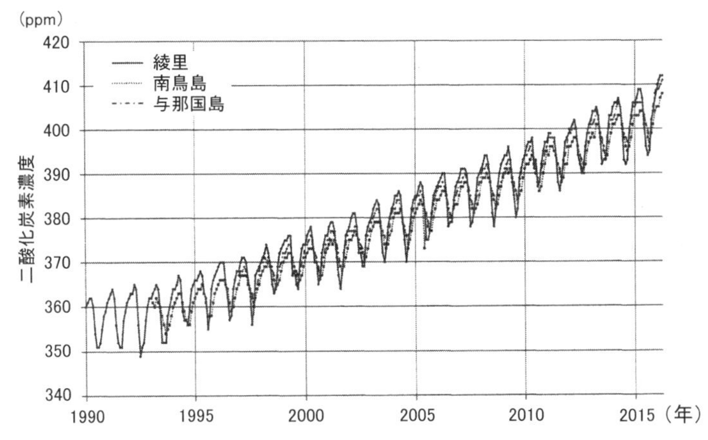

図 1-1-2　わが国における CO_2 濃度の経年変動（1987 ～ 2016 年）（気象庁ホームページ，2016）
図中の実線は綾里，破線は南鳥島，および一点鎖線は与那国島である.
CO_2 濃度の季節変化は約 15ppm である.

1980 年代に比較して 12%以上も増加していることになる（気象庁，2016）。この経年変化は，温室効果ガス世界資料センター（WDCGG）による地球全体の経年変化と一致する。また，二酸化炭素濃度の季節変動は植物活動によるものであり，冬季に比較して夏季の濃度が低くなる傾向がある。気象庁による二酸化炭素濃度の季節変化が，ハワイのマウナロア気象観測所に比較して大きいのは，わが国の

7割を占める山林の効果と思われる。

さらに，緯度帯ごとの二酸化炭素の変動では（WDCGG），南半球に比較して北半球の濃度が高く，とくに北半球の中緯度および高緯度帯での濃度が高い傾向がある。Tanaka *et al*.（1987）の研究では，北半球に対して南半球の最小濃度が8月から9月に遅れることが報告されており，両半球の季節変動が同じではないことが指摘されている。これは北半球と南半球の水陸分布の違いによる熱容量の差が反映したものと思われる。

1.2　気候変動とは

気候変動とは，平均的な気候からの偏差を時間スケールで表したもので，気候要素そのものの変化過程が気候変化である（梅木，2008）。しかし，現在ではこれらの用語の使い分けがなされているわけではなく，国連の気候変動枠組みにおいては，人為的および非人為的によって使い分けているが，IPCC（1997）では気候変化と表記している。その後，2008年からclimate changeを日本語訳で気候変動に統一したのである（IPCC，2008）。

気候変動は，地軸の傾きや火山活動・噴火による自然的要因，および温室効果ガスや森林破壊などの人為的要因に分けられるが，必ずしも全球的に同じ変動をしているわけではない。ヨーロッパの気候変動は，最終氷期における高緯度を覆った氷河の影響を強く受けているが，東アジアは中緯度および低緯度の大気循環による変動である（安田,2001）。極地の気候変動は氷河の融解と密接な関係にあり，氷河の融氷水が北大西洋や北極海に流れ込み，海水の鉛直対流循環が停止して気候の寒冷化をもたらしたが，東アジアへの影響は500年以上も後だったようである（吉野・福岡編，安田，2003）。

ヨーロッパの古環境が人間の生態系や農耕活動にみられるように，アジアの農業生産にも古環境の変化が読み取れる。アジアの気候変動は，チベット高原と西太平洋の間にあって，モンスーン変動と密接な関係にあった（Yoshino，M.，1984，1998；安田，1987；吉野，1999；松本，2002）。しかし，1600年代からの農耕作物の生育期間に限った場合，ヨーロッパと日本の気候変動に大きな違いはみられない（山本，1976）。1751 ～ 1850 年に至る小氷期では，ロンドンの南西風頻度が低い傾向を示し，1800 年前後では極端に少なくなっている。これは，日本では天明の飢饉（1782 ～ 87 年）および天保の大飢饉（1833 ～ 36 年）が発生した期間と一致する（山本，1986）。吉野（1983）による日本とその周辺地域における古気候の復元や，このような観測機器をもたない時代の 15 世紀および 16 世紀の天候の再現は，水越（2004，2006）による古日記などの記録から詳細に明らかにされていて，当時の天候が再現されている。これは，今日の気候変動を知るうえで偉大な成果である。

1.3　20 世紀の気候変動

気象庁（2002）によれば，世界の平均気温はこの 100 年間で 0.7℃上昇し，北半球が南半球の 0.4℃を上回る。小氷期に近い 1880 年から 1920 年代に至る期間は，平均偏差値が −0.5℃以下（移動平均）であったが，1940 代のわずかな低温化を除けば気温上昇傾向を示し，1970 年代後半からは偏差値が「正」に変化した。いわゆる気温が一気にジャンプする気候シフトである（山川，1994；吉野・福岡編，山川，2003）。

IPCC（2001）の報告によれば，全球的な表面温度は過去 30 年間（1961 ～ 90 年）の平均値に比較すると，1980 年頃から「正」に転じ，2000 年には 0.4℃を上回るようになってきた（図 1-3-1）。1990 年から 2100 年までの世界気象機関（WMO）や国連環境計画（UNEP）による全球的な気温上昇量は；数値モデルの湧昇拡散・エネルギー平衡モデルの最良推定値の 2.5℃を用いた場合，対流圏エーロゾルの影響を加えると 2.0℃と予測されている（IPCC, 1996）。しかし，西岡・原沢（1997）による対流圏エーロゾルの影響を加味しなければ，気温の上昇量は 2.4℃になり，世界気象機関（WMO）の予測値を上回る結果となる。

この全球的な気温変動に対し，東海地方（名古屋）での経年変動が必ずしも一致するとは限らない（図 1-3-2）。これは，各緯度帯での気温変動が同じとはい

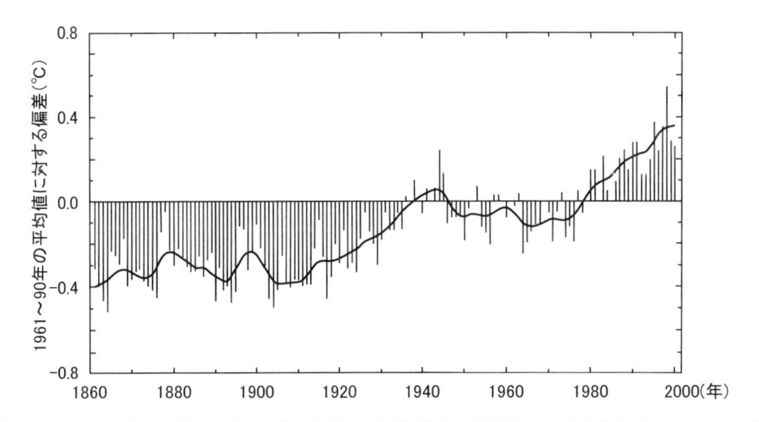

図 1-3-1　全球表面温度平均偏差（℃）の経年変化（1986 〜 2000 年）（IPCC，2002）

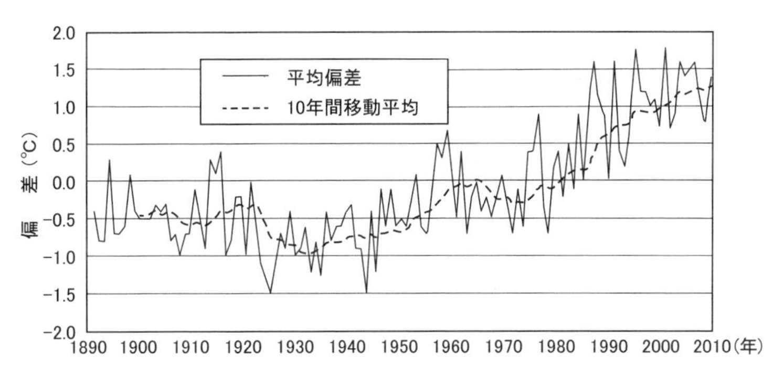

図 1-3-2　東海地方（名古屋）における平均気温の平均偏差（℃）の経年変化（1980 〜 2010 年）
実線は気温，破線は 10 年間の移動平均である．

えないからである。中緯度に位置する名古屋では，1890 〜 1940 年にかけての気温上昇傾向はみられない。全球規模では気温偏差が「正」に転じた 1940 年代は，「負」の偏差域に属する。その後，上昇傾向に転じるが，1960 年代からは再び「負」の偏差となっている。これは，日本の気候変動が北半球全体に比較して約 30 年も遅れたからである（吉野・福岡編，山川，2003)。その原因は，太平洋海域の影響が寄与しているものと考えられる（吉野・福岡編，山川，2003)。

しかし，1970 年代後半の気候シフト以降は急激に上昇傾向を示し，2010 年には 1.5℃の「正」偏差となる。この値は，対流圏エーロゾルの影響を加味しない全球的な気温の上昇率の約 6 倍に相当し，地球温暖化による中緯度帯の気温上昇傾向が著しいことがわかる。

1.4　海面水温（SST）変動

Strong *et al.*（2000）のNOAAによる海面水温（SST）の測定結果によれば，熱帯海域の上昇率は0.018～0.050℃/年とされている。しかし，気候シフト以降は海面温度の上昇率は高まっており（大和田・井上，2002），夏季（8月）の熱帯海域における29℃以上の領域面積は約2.5倍に拡大している（図1-4-1）。

太平洋，大西洋およびインド洋の三大海洋の中で，最も高温領域の面積変動が大きいインド洋海域では，1983年のピークに対して翌年の1984年には最小となった。しかし，1987，88年には再び高温領域面積は拡大している。これに対して大西洋海域では，経年面積変動がインド洋に比較して小さいものの，同じような経年変動を示し，1984年には29℃以上の高温領域は現れなかった。したがって，大西洋とインド洋では，高温海面領域の経年変動に相関がみられるが，太平洋海域との相関は必ずしも高いとはいえないようである。

1975～98年にかけての期間で，最も高温海面領域が大きかったのはインド洋と大西洋海域が1998年であった。これに対し，太平洋海域では1995年である。太平洋海域では，1985年以降ほぼ規則的な変化傾向を示していて，1985，89，93年および1996年が高温海面領域の縮小年，1987，91，94，95，97年は拡大傾向がみられた年である。とくに東海地方が猛暑になった1995年は，領域が$2{,}500 \times 10^4 km^2$の最大値を示したのに対し，全国的異常冷夏だった1993年は$1{,}500 \times 10^4 km^2$であり，拡大年に比較して40%も縮小していたことがわかる。とくに近年の太平洋熱帯海域では，29℃以上の高温域が大西洋およびインド洋海域の約5倍の領域に達し，上昇率も高くなっている傾向がみられる（大和田・井上，2002）。

また，二酸化炭素の濃度が現在の2倍になるのは70年後（IPCC，1996）とされていることから，MPIやUKMOおよびGFDLモデルによる違いはみられるものの，海水膨張による海面上昇量は全球的にみて7～28cmと推定されている。また，温暖化による氷河融解に伴う海面上昇量は12～16cmであり（Wigley and

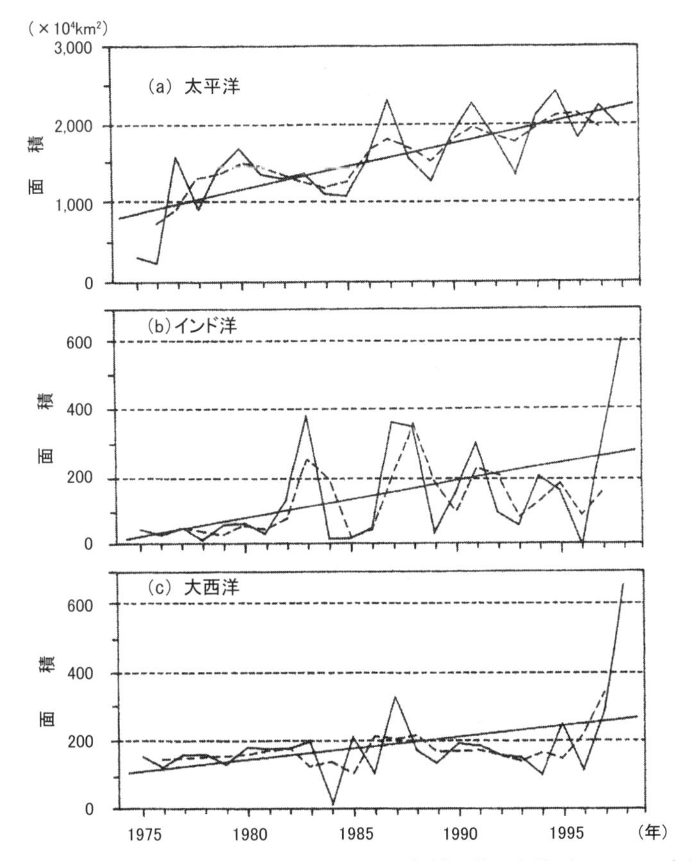

図 1-4-1　三大海洋別高温海水面（29℃以上）領域面積の変動（1975 〜 98 年）
（大和田・井上，2002）
上段（a）太平洋，中段（b）インド洋，下段（c）大西洋，破線は移動平均.

Raper，1995)，海水膨張による予測値に比較して推定幅が小さいのが特徴である。

1. 5　海面水温変動による亜熱帯高圧帯領域の拡大

地球温暖化に伴う熱帯海域の海面水温の上昇は，片山（1976）の対流圏子午面循環モデルにみられるように（図 1-5-1)，ハドレー循環を強化して中緯度高圧帯，すなわち亜熱帯高圧帯の領域面積を拡大・北上させる結果となる（吉野，1972)。

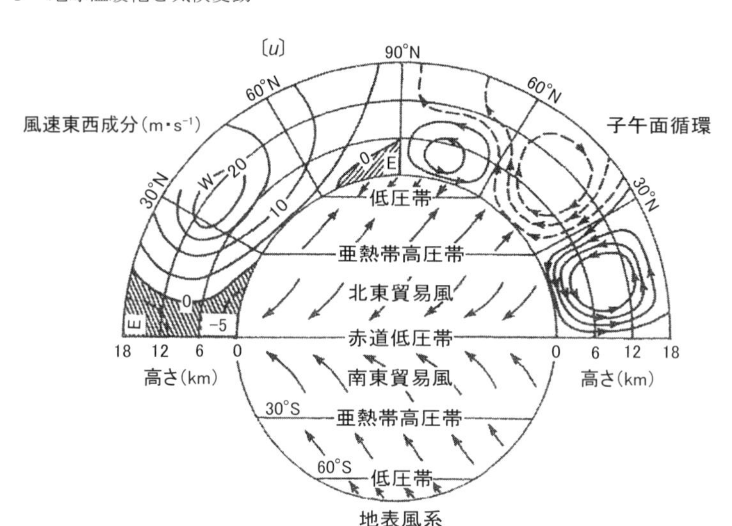

図 1-5-1　対流圏子午面循環モデル（片山，1976）
低緯度はハドレー循環，中緯度はフェレル循環，および高緯度は極循環モデルであり，ハドレー循環とフェレル循環の収束帯が亜熱帯ジェット気流，極循環とフェレル循環の収束帯が寒帯前線ジェット気流に相当する．

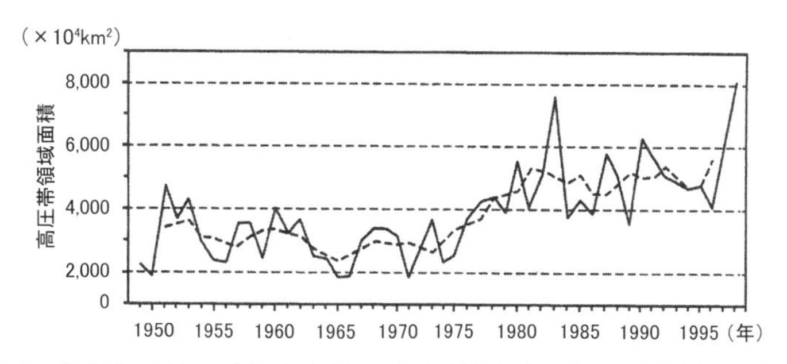

図 1-5-2　北半球の 500hPa 等圧面高度場における夏季（8 月）の亜熱帯高圧帯領域面積（高度 5,880m 以上）の経年変動（1949 ～ 97 年）（大和田ほか，2001）

図 1-5-2 は，北半球における 500hPa 等圧面高度場の夏季（8 月）の亜熱帯高圧帯領域面積の経年変動を表したものである（大和田ほか，2001）。

この図から，Graham（1994）および Trenberth and Hurrell（1994）が定めた 1970 年代後半の気候シフト以降，対流圏中層部（500hPa 等圧面高度場）の亜熱帯高圧帯領域面積は著しい拡大傾向にあることがわかる。高度 5,880m 以上の亜熱帯高圧帯領域面積は，1950 年代から 1970 年代後半まで約 $3{,}000 \times 10^4 km^2$ であっ

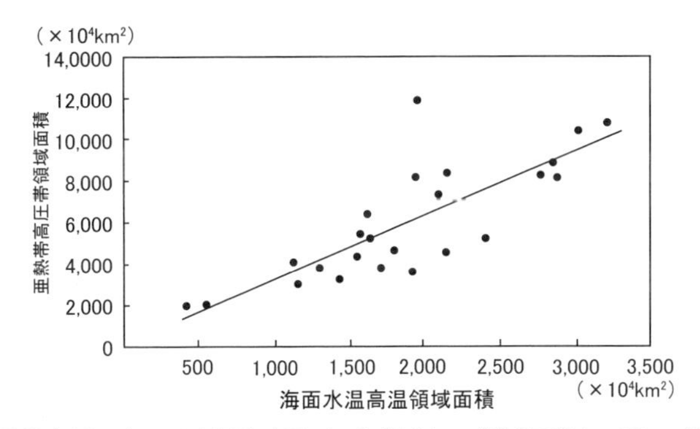

図 1-5-3　熱帯海域における高温海水面（29℃以上）の領域面積と 500hPa 等圧面高度場における亜熱帯高圧帯領域（高度 5,880m 以上）面積との関係（大和田・井上，2002）

たが，1980 年代以降は移動平均による試算では約 5,000×$10^4$$km^2$ にまで拡大した。とくに 1983 年と 87 年, 91 年は, 1998 年に次いで領域面積が大きかった。したがって，熱帯海域の海面水温と亜熱帯高圧帯の両者は高い相関関係にあることがわかる（大和田・井上，2002)。

図 1-5-3 は，熱帯海域における海面水温 29℃以上の領域面積と，500hPa 等圧面高度場（5,880m）における亜熱帯高圧帯領域面積との関係を表したものである（大和田・井上，2002)。その結果，高い「正」の相関関係が得られ，相関係数は 0.79 である。このことから，亜熱帯高圧帯の規模は熱帯海域の海面温度が高いほど領域が拡大することが明らかである（大和田，2006)。

1.6　海面水温とENSO現象

ENSO（エルニーニョ・南北振動）は，大気・海洋の結合モデルの結果に基づくものであり，より現実的な地球温暖化による気候変動予測である。太平洋熱帯海域における海面水温は，西太平洋に比較して東太平洋海域の上昇率が高く，東西の水温勾配が小さくなると予測されている（Knutson,T. R. and Manabe，1995)。

亜熱帯高圧帯領域の拡大・縮小は太平洋海域の ENSO 現象と密接な関係がみられ，高圧帯領域が拡大した 1983，87，98 年はいずれもエルニーニョ年と一致

する。これは，太平洋熱帯海域の「正」のアノマリー領域が，中緯度の500hPa等圧面高度場における「負」の偏差域に対応しているからである。年による亜熱帯高圧帯領域面積の変動の大きさは，熱帯海域の海面水温とENSO現象による顕熱と潜熱のやりとりによるものと考えられる（Lau，1977）。したがって，2015年に現れたスーパーエルニーニョは，異常気象の多発と密接な関係をもっている。

とくに太平洋熱帯海域は，大西洋およびインド洋熱帯海域に比較して海面水温高温領域の拡大傾向が著しく，これにENSOの影響が加わって東西循環（ウォーカー循環）が強化され，わが国の異常高温の出現日数が増加したと思われる。したがって，500hPa等圧面高度場の中緯度大気は，太平洋熱帯海域の海面水温の影響が大きいことから，その変動を知ることが今後の大気を予測する重要な手がかりとなるであろう（吉野・福岡，2003）。　　　　　　　　　（大和田道雄）

II　気候変動と南アジア高気圧

2.1　南アジア高気圧（SAH）とは

南アジア高気圧は，4月から9月にかけて100hPa等圧面高度場に現れる高気圧であり，その中心部は季節とともに変化する傾向がある（Liu X. *et al.*，2000）。4月から5月にかけての春季はインドシナ半島北部，6月にはチベット高原を中心に形成される。その結果，東アジアでは亜熱帯ジェット気流が北上して梅雨入りを迎えるが，7月には南アジア高気圧が大陸の西側に移動して梅雨が明ける。

その後，イラン高原付近まで移動して日本付近は北太平洋高気圧に覆われるが，8月下旬にはチベット高原が中心となり，北太平洋高気圧が衰退する。残暑が厳しく，北太平洋高気圧の勢力が残存している場合には秋雨前線が活発となり，台風の接近による暖湿流が秋雨前線を刺激して大雨や洪水災害をもたらすことも少なくない（大和田・畔柳，2004；大和田ほか，2006）。

ユーラシア大陸に発生する南アジア高気圧は，夏の強い上昇気流によって対流圏と成層圏との圏界面付近に形成されるもので，地球温暖化による気候シフト以降は拡大傾向にあることが指摘されている（Qian Y. *et al.*，2002）。大和田ほか（2006）は，南アジア高気圧の中心分布パターンをチベット高原，パミール高原，イラン高原，およびイラン高原とチベット高原に分類し，I型からIV型のモードで表した（図2-1-1）。

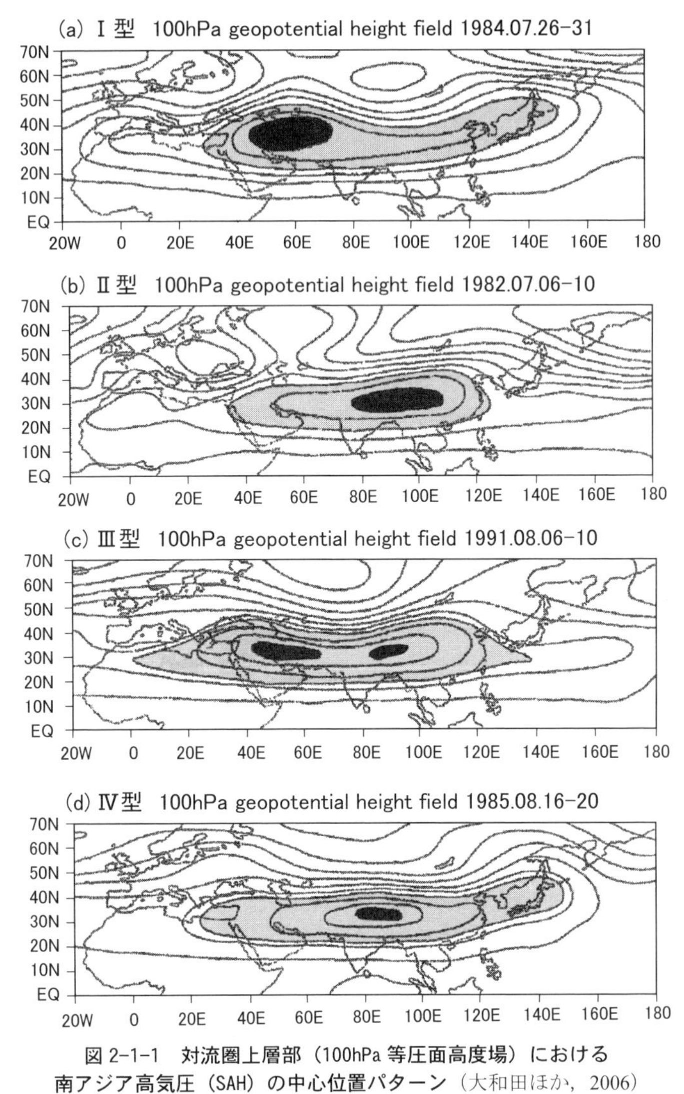

図 2-1-1　対流圏上層部（100hPa 等圧面高度場）における南アジア高気圧（SAH）の中心位置パターン（大和田ほか，2006）

(a) I 型:イランモード, (b) II 型:チベットモード, (c) III 型:イラン・チベットモード, (d) IV 型：センターモード.

2.2　南アジア高気圧と亜熱帯ジェット気流

亜熱帯ジェット気流は，中緯度の対流圏界面付近に現れる西風の強風軸で，北半球が冬季には北緯 30 度付近，夏季には 45 度付近にまで北上し，季節によって緯度帯が変化する（田中，2007)。亜熱帯ジェット気流は，ハドレー循環と密接な関係にあって，下降域の亜熱帯高圧帯からの北東貿易風の強さにも影響している。

三上（1974）によれば，亜熱帯高圧帯の領域面積が大きい年は帯状指数が大きく，高圧帯の縮小年は帯状指数も小さくなることを報告している。亜熱帯ジェット気流は，亜熱帯高圧帯の北側に沿って流れており，亜熱帯高圧帯の領域の緯度的・経度的位置によって，亜熱帯ジェット気流のトラフ（気圧の谷）やリッジ（気圧の尾根）の位置が決定する。

したがって，東アジアが亜熱帯ジェット気流のトラフに位置した場合には，北太平洋高気圧の張り出しが抑制され，リッジでは張り出しが容易となることから，亜熱帯ジェット気流の東アジアでの緯度的・経度的位置が，夏の暑さを決定することになる（大和田・畔柳，2004)。

亜熱帯ジェット気流は，熱帯内収束帯（ITCZ）からのハドレー循環とフェレル循環の収束帯に相当するもので，200hPa 等圧面高度場を中心とした背の高い偏西風である（田中，2007)。日本付近に張り出す北太平洋高気圧は，ハドレー循環の下降域にあたる亜熱帯高圧帯の西縁にあたる。この北太平洋高気圧は海洋性であるが，ユーラシア大陸の東部では対流圏上層部に，チベット高原を中心とする高気圧が支配している。近年ではチベット高気圧の勢力範囲が拡大し，南アジア高気圧と呼ばれるようになった（Liu X. *et al.*，2000)。

図 2-2-1 は，日本列島が猛暑になった 2004 年 7 月の 200hPa 等圧面高度場の気圧分布を表したものである。ユーラシア大陸にはイラン高原を中心とする東経 30 度から 60 度にかけてと，チベット高原上の東経 90 度付近の 2 カ所に中心をもつ南アジア高気圧があって，東アジアでは東経 120 度から 140 度に北東にシフトして張り出している。これは，大和田ほか（2006）が分類したイラン・チベットモード型に属するものである。

その結果，200hPa 等圧面高度場の水平風ベクトルでは（図 2-2-2)，高気圧の北を流れる亜熱帯ジェット気流が，大陸では 2 山型のリッジ（気圧の尾根)，東経 110 度付近がトラフ（気圧の谷）になり，日本付近はリッジになって，亜熱帯

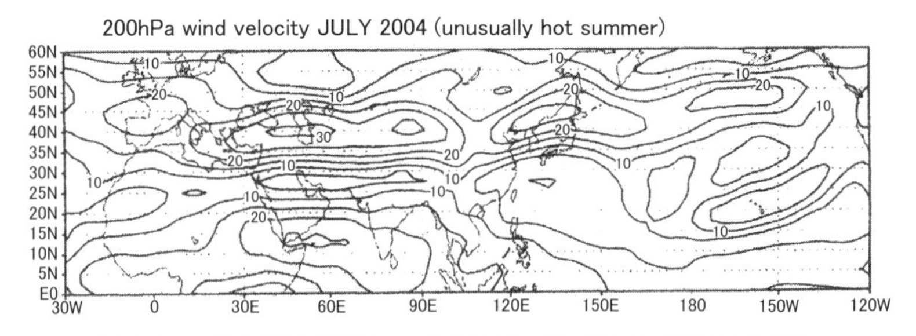

図 2-2-1　日本列島が猛暑となる対流圏上層（200hPa 等圧面高度場）の風速分布（2004 年 7 月）（大和田・石川，2005）
南アジア高気圧（SAH）が日本付近で切離し，リッジをなしている．

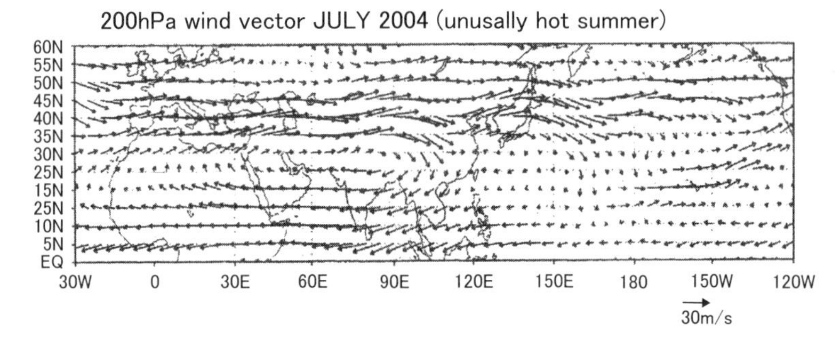

図 2-2-2　日本列島が猛暑となる対流圏上層（200hPa 等圧面高度場）の水平風ベクトル（2004 年 7 月）（大和田・石川，2005）
矢印は風向，長さは風速を表す．

ジェット気流が北上して，北太平洋高気圧の張り出しを容易にしていることが読み取れる（大和田・石川，2005）。

これに対し，日本列島が冷夏となった 2003 年 7 月の気圧場（200hPa 等圧面高度場）では（図 2-2-3），東経 60 度に中心をもつ南アジア高気圧が，東経 120 度付近にまで東西に細長く連なり，西日本はその勢力下にあった。したがって，イランモード型に属するが，高気圧の分布する経度的位置が約 30 度東に移動した格好になっている（大和田ほか，2006）。

したがって，水平風ベクトル（図 2-2-4）は東経 60 度付近でリッジを形成しているが, 東経 90 度から東経 150 度までは, 緯度に平行な風の流れになっている。

このため，亜熱帯ジェット気流は北緯 35 度の中部日本を通過していて，本邦

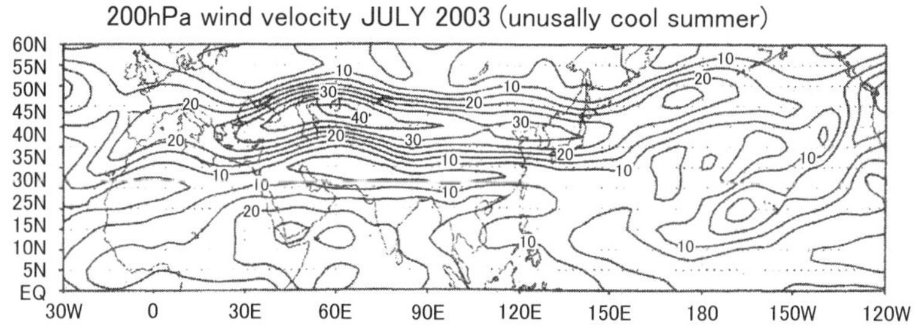

図 2-2-3　日本列島が冷夏となる対流圏上層（200hPa 等圧面高度場）の風速分布（2003 年 7 月）（大和田・石川，2005）

南アジア高気圧（SAH）が日本付近で南下している．

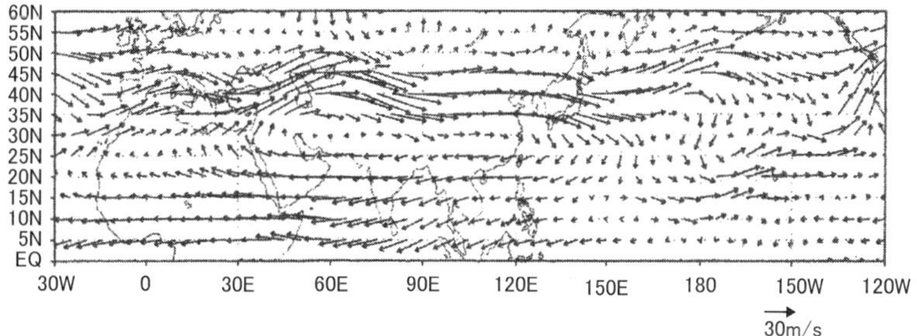

図 2-2-4　日本列島が冷夏となる対流圏上層（200hPa 等圧面高度場）の水平風ベクトル（2003 年 7 月）（大和田・石川，2005）

東経 60 度付近がリッジ，日本付近はトラフになっている．

付近への北太平洋高気圧の張り出しや北上を抑制する形となっている。

日本列島の暑さを決定する北太平洋高気圧の張り出しは，日本付近を流れる亜熱帯ジェット気流の緯度的・経度的位置に左右され，亜熱帯ジェット気流のトラフおよびリッジは，ユーラシア大陸の対流圏上層に形成される南アジア高気圧（SAH）の経度的中心位置とその形状によるものである（吉野・福岡編，大和田，2003）。

2.3　亜熱帯ジェット気流と夏型気圧配置

地球温暖化による東アジアの気圧配置への影響は，亜熱帯高圧帯領域面積の拡

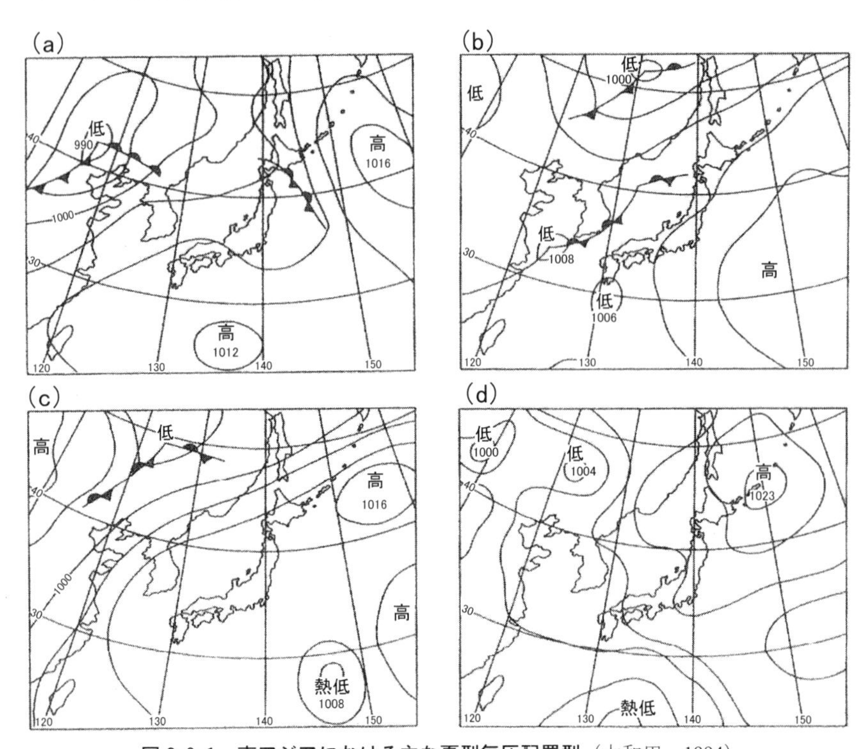

図 2-3-1　東アジアにおける主な夏型気圧配置型（大和田，1994）
(a) 南高北低型，(b) 東高西低型，(c) 全面高気圧型，(d) オホーツク海高気圧型.

大に伴う亜熱帯ジェット気流の北東シフトによって，北太平洋高気圧の北西部への張り出しが容易となる（吉野・福岡編，大和田，2003)。このため，本邦付近を中心とした東アジアの夏型気圧配置は，北太平洋高気圧に覆われる頻度が高くなる（三上，1974)。

夏型気圧配置は，図 2-3-1 に示すように「南高北低型」，「東高西低型」，「全面高気圧型」および「オホーツク海高気圧型」に分類することができる（大和田，1994)。これらの気圧配置の中で，東高西低型は弓形を成す日本列島に対して，舌状に張り出す高気圧の勢力が弱く，日本列島の太平洋側に高気圧，日本海には前線が停滞している気圧配置型である。

この型は，高気圧の縁に沿う亜熱帯ジェット気流が，九州南部から北海道にかけて流れていて，北日本と西日本は豪雨災害に見舞われた。しかし，北関東の群馬県館林市では記録的な暑さを記録した。この気圧配置は，過去の気圧配置分類から10年に1度の割合で現れ，2014年の夏が異常であったのはこのためである。また，日本海を熱帯低気圧や発達した温帯低気圧が通過すると，太平洋側からの暖湿流が脊梁山脈を越えてフェーン現象となり，日本海側に異常高温をもたらすこともある気圧配置でもある。2012年および2013年に比較して2014年の夏の天候が不順だったのは，東高西低型の気圧配置が多かったからである（大和田・石川，2005）。

これに対し，2013年に多く現れた南高北低型は，西日本が舌状に張り出した北太平洋高気圧に覆われ，北日本は前線の停滞や温帯低気圧が次々と通過して，天候不順となりやすいものの，西日本は安定した夏になる気圧配置である。夏型気圧配置の典型例として「鯨の尾型」といわれるのは，日本海に低気圧が位置するためで，北太平洋高気圧の先端が北西にシフトして，鯨の尾のようにみえるからである（図2-3-2）。

したがって，鯨の尾型は南高北低型に含まれる気圧配置であるが，東海地方に吹く気圧傾度風向が異なり，南高北低型は南西寄り，鯨の尾型は北西寄りの風となる。しかし，実際にはその明瞭な区別は難しく，伊勢湾岸地域でフェーン現象によって猛暑になる地域に変化がみられるのは，わずかな気圧場の違いによる風

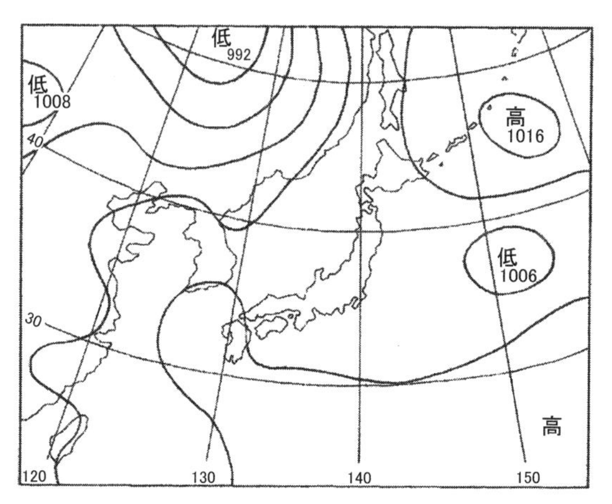

図2-3-2　南高北低型でも特に東海地方が猛暑となる典型的な鯨の尾型（2013年8月11日）
鯨の尾型は，北西の風によるフェーン現象が起こりやすい.

向変化のためである（大和田・石川，1987；大和田，1994；大和田ほか，2010）。

名古屋気象台開設以来2番目の暑さを記録（39.8℃）したのは，1994年8月5日である。この年は梅雨明けが早く全面高気圧型が34日間の長期にわたって持続したため，ダム湖の水源が枯渇し，全国的な水不足となった。これは，日本列島が北太平洋高気圧に全面的に覆われ，高気圧の下降気流による乾燥断熱効果によって全国的に気温が上昇したからである（大和田，2006）。したがって，高気圧の縁に沿う前線や台風の進路も，朝鮮半島から中国大陸に抜けたため，日本列島は全国的に降水がほとんどみられなかった。この型は，過去の出現日数の時系列からみると，約10年に1度くらいの割合で出現する気圧配置である。

しかし，東海地方が1994年を上回る猛暑となったのは，1995年である。1994年の8月における平均最高気温が35.0℃なのに対し，1995年は36.0℃であった。豊田市でも気候シフト以降最も高かったのは1995年であり，35.0℃に近かった。これは1995年の夏の多くが南高北低型だったからであり（図2-3-3），35日出現していることからもうかがえる。したがって，全国的な猛暑になるのは全面高気圧型であるが，南高北低型は東海地方，とりわけ伊勢湾岸地域が猛暑になりやすいことがわかる（大和田，2006）。

2016年8月8日は（図2-3-4），北太平洋高気圧が日本列島を覆った全面高気

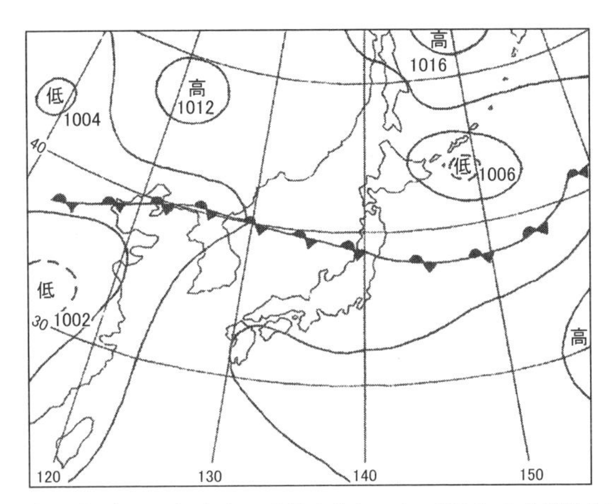

図2-3-3　東海地方が1994年を上回る暑さとなった1995年の典型的な南高北低型
南西風が紀伊半島を越え，伊勢湾岸地域に猛暑をもたらす気圧配置である．

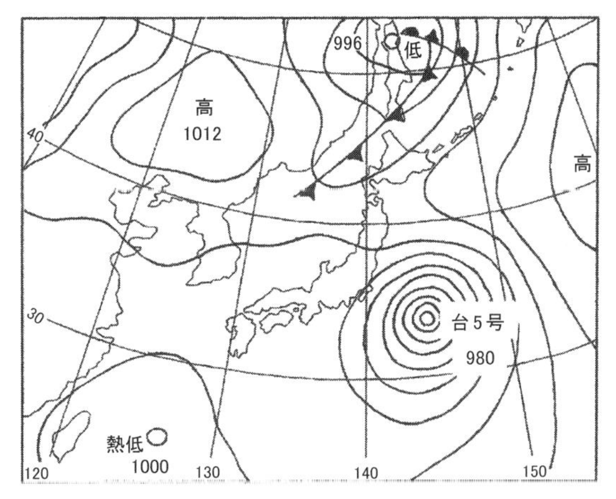

図 2-3-4　東海 3 県下（愛知・岐阜・三重）で猛暑となり，熱中症の搬送者が多かった 2016 年 8 月 8 日の夏型気圧配置　岐阜県多治見市では 39.7℃を記録した．

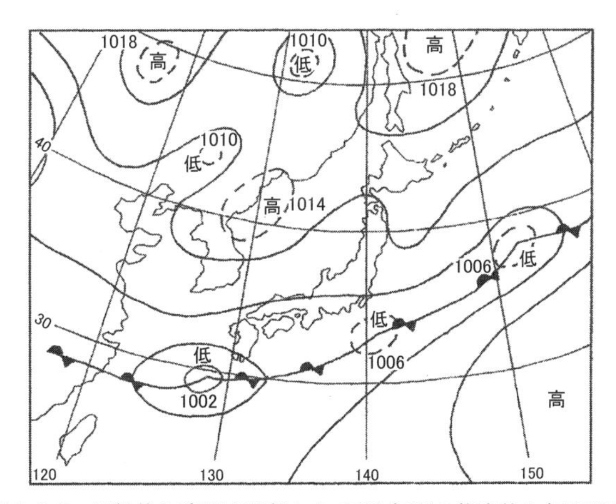

図 2-3-5　記録的な冷夏を記録した 1993 年夏の代表的な気圧配置
1993 年はオホーツク海高気圧に覆われ，東北地方では山背が吹き荒れて冷害となった．

圧型であったが，台風が太平洋岸を通過したために高気圧が押し上げられ，東海地方ではフェーンを伴った強い西風によって，岐阜県多治見市では 39.7℃，愛知県豊田市でも 38.7℃の猛暑となり，愛知・岐阜・三重の東海 3 県下での熱中症による搬送者が 71 人に達した。

また，1994 年の全国的な猛暑に対し，前年の 1993 年は記録的な冷夏であった。これは 1980 年以来のオホーツク海気団の勢力が強かったからである（図 2-3-5）。

表 2-3-1　1950 年代（気候シフト以前）と 2000 年代（気候シフト以降）の夏型気圧配置の変容（%）（大和田，2015）

夏型気圧配置	1950 年代	2000 年代
南高北低型	31.0	49.8
全面高気圧型	23.0	28.4
東高西低型	12.2	13.4
オホーツク海高気圧型	33.8	8.4

オホーツク海高気圧型はオホーツク海を中心とするブロッキング高気圧で，高緯度側からの冷涼な大気が北日本の太平洋側に吹きつけるため，東北地方の太平洋岸の各地域では，山背（ヤマセ）が日照不足と低温で冷害をもたらす風として恐れられている（卜蔵，2006）。

表 2-3-1 は，気象庁の天気図から，climate shift（気候シフト）前後における 7 月と 8 月の夏型気圧配置を分類し，その出現頻度を表したものである（大和田，2015）。その結果，気候シフト以前の 1950 年代で出現率が最も高い夏型気圧配置は，オホーツク海高気圧型で 33.8%，次いで南高北低型の 31.0%，全面高気圧型の 23.0%の順である。東高西低型は 12.2%と一番出現率が低かった。これは，東海地方における気温の平均偏差からもその傾向がみられ，1900 年代では最も気温が低かった時代である。このため，1950 年代はオホーツク海高気圧からの冷涼な大気に覆われることが多く，冷害や凶作が多発したことを裏づけるものである。とくに北日本では冷害が相次ぎ，当時の米作限界地とされていた北海道上川盆地では，凶作による離農が相次いだ時代であった（鈴木，1992；和田，1992；山川，2000；吉野・福岡編，山川，2003）。

これに対し，気候シフト以後の 2000 年代になると，東高西低型は 13.4%で 1950 年代とさほど違いはみられないものの，1950 年代に最も出現率が高かったオホーツク海高気圧型が 8.4%に減少した。これに代って夏を支配するおもな気圧配置となったのは，南高北低型（49.8%）である。次いで全面高気圧型の 28.4%である。したがって，南高北低型と全面高気圧型を合わせると約 8 割となり，近年は典型的な夏型気圧配置が出現する確率が高くなっていることが確認できた。いわゆる，日本列島全域が亜熱帯化する要因ともなっている。

したがって，以前は夏日（日最高気温 25.0℃以上）および真夏日（日最高気温 30.0℃以上）が，夏の暑さを表す指標となっていたが，猛暑日（日最高気温 35.0℃以上）が加わったのはこのためである。猛暑日の多くは日本列島が北太平洋高気圧に広く覆われる全面高気圧型であり，近年は北太平洋高気圧の張り出す勢力が強まったことを示す結果である（三上，1974）。

（大和田春樹・大和田道雄）

Ⅲ　都市の高温化

3.1　猛暑日日数の経年変化

図 3-1-1 は，わが国の主要都市である東京都，大阪市および名古屋市の猛暑日（日最高気温 35.0℃以上）日数の経年変化を表したものである。

気候シフトと呼ばれる 1970 年代後半までは，東京都の猛暑日出現日数が 5 日に満たないが，大阪市や名古屋市はこれをはるかに上回る日数が出現している。とくに，年変動が大きいものの大阪市は多い年は 15 日以上，名古屋市では 10 日以上出現している。したがって，大阪市は他都市に比較して猛暑となりやすいことがわかる（図 3-1-2）。

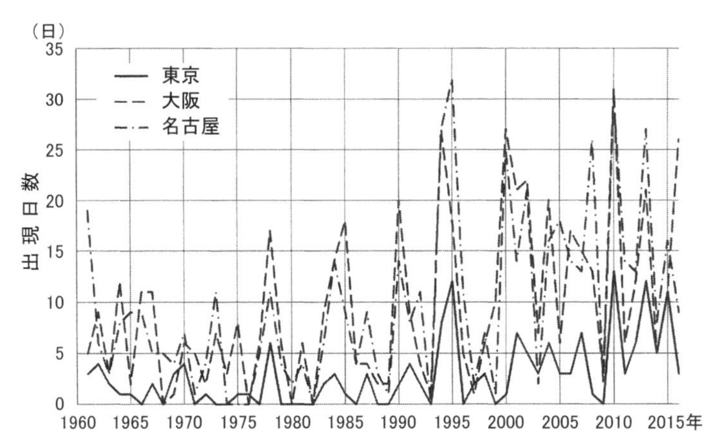

図 3-1-1　東京, 大阪, 名古屋における猛暑日（日最高気温 35. 0℃以上）の経年変化（1960 ～ 2015 年）
実線は東京，破線は大阪，および一点鎖線が名古屋である.

図 3-1-2　他都市に比較して猛暑となる大阪（あべのハルカスから望む大阪中心部）（三輪撮影）

しかし，1980年代に入ってからは，各都市の猛暑日が増加する傾向にあって，平均的な出現日数が2000年以降になると約4倍になった。気候シフト以降，猛暑日が最も多く現れたのは1994年であるが，東京都では12日であったのに対し，大阪市，および名古屋市では25日を上回った。

これは，都市気温を上昇させる要因が都市域の拡大やアルベド，道路アスファルト面や都市建物のコンクリートによる熱容量，地表面の不透水層の増加による気化熱効果の減少，冷房排出熱（図 3-1-3）による都心部の昇温効果，緑被地の減少など，都市特有の気候による影響を加味しても，猛暑日日数の急激な増加は気圧場の変動を認めざるを得ない現状は否めない（福岡，1983；藤部，2004, 2009；保刈ほか，2015）。

さらに，人体の平均体温を上回る日最高気温37.0℃以上に限定して比較すると（図 3-1-4），名古屋市は大阪市を上回る傾向がみられ，東海地方は1994年に限らず，その後においても異常猛暑が現れやすくなってきていることが明らかであ

図 3-1-3　高層ビルの屋上に並ぶ室外機（名古屋市中区栄）（大和田撮影）

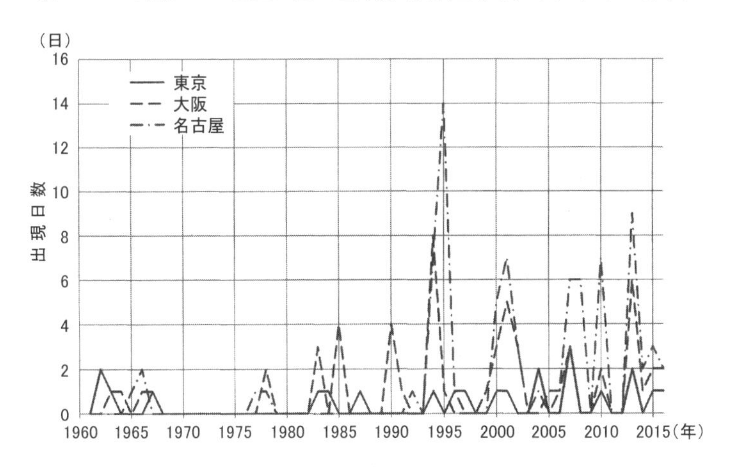

図 3-1-4　東京, 大阪, 名古屋の異常猛暑日（日最高気温 37.0℃以上）の経年変化（1960 ～ 2015 年）
実線は東京，破線は大阪，および一点鎖線が名古屋である.

る（大和田，2015）。

3.2　気候シフトと上層気圧場変動

近年は全面高気圧型や南高北低型の夏が持続し，残暑が厳しい年が多くなっている。東海地方は，全国的な猛暑になりやすい全面高気圧型は当然のことながら，

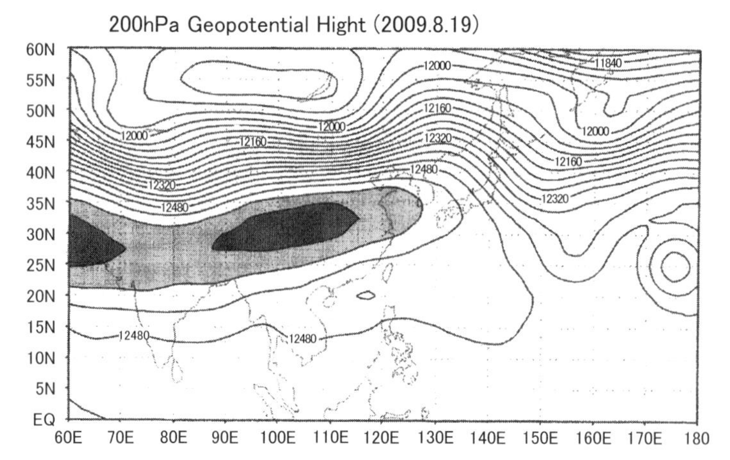

図 3-2-1　気候シフト以前に多く出現したオホーツク海高気圧型時における対流圏上層気圧分布（200hPa 等圧面高度場）の再現（2009 年 8 月 19 日）

南高北低型においてはとくに異常猛暑になりやすい地勢をなしている。1980 年以降は南高北低型の出現日数が増加傾向にあることから，猛暑日が増加することが予想される（大和田，2006)。そこで，気候シフト以前と以降の上層気圧場を再現した。

1950 年代は，オホーツク海高気圧型が最も多く出現した時代である。この時と同じ地上気圧配置が現れた 2009 年 8 月 19 日の NCEP（National Centers for Environmental Prediction）/NCAR（National Centers for Atmospheric Research）の再解析データを用いて，上層気圧場を再現してみた。

図 3-2-1 は，オホーツク海高気圧型時における 200hPa 面（東経 60 ～ 180 度，赤道から北緯 60 度の範囲）の等圧面高度場を再現したものである。この図から，オホーツク海高気圧が発達する上層気圧場は，チベット高原を中心とする南アジア高気圧の存在が確認できる。この高気圧の東への張り出しは東経 135 度付近までで，日本付近は等高度線が密になっていることから，気圧傾度が大きいことが読み取れる。

この時の風の流れ場を水平風ベクトルから再現してみると（図 3-2-2），チベット付近では高気圧性の時計回りの渦がみられ，日本付近では北西系の強い風が吹

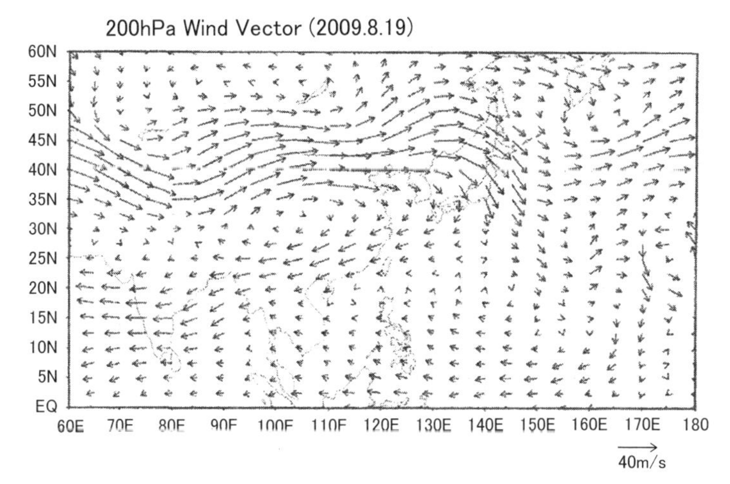

図 3-2-2　気候シフト以前に多く出現したオホーツク海高気圧型時における対流圏上層部（200hPa 等圧面高度場）の水平風ベクトルの再現（2009 年 8 月 19 日）

いている。この風の軸は亜熱帯ジェット気流に相当するもので，チベット高気圧を中心とする高気圧の北側に沿って流れていることがわかる。チベット高気圧の西側の東経 80 度，および東側の東経 145 度にトラフ（気圧の谷）があって，日本付近では亜熱帯ジェット気流が大きく蛇行して南下していることが読み取れる。亜熱帯ジェット気流は上層から下層にいたる幅の広い偏西風で，台風の進路や北太平洋高気圧の張り出しと深いかかわり合いをもっている（田中，2007）。

オホーツク海高気圧はブロッキング高気圧とも呼ばれ，亜熱帯ジェット気流の高緯度側に形成されることから，日本付近がリッジ（気圧の尾根）の場合には形成されることはない。その結果，亜熱帯ジェット気流の日本付近での南下によって，中層気圧場の北太平洋高気圧の西への張り出しが阻止され，オホーツク海高気圧からの冷涼な北東風（山背）が東日本の太平洋側に吹き付けるのである（菅野，1994；山川，1994；水谷，2002）。

これに対し気候シフト以降，近年著しく出現頻度が増した南高北低型における上層気圧場（図 3-2-3）では，南アジア高気圧の中心が東経 60 度のイラン高原側にあって幅広く分布し，南アジア高気圧の勢力が増していることが読み取れる。とくに東アジア側に迫り出した高気圧の東端は北東にシフトしていて，日本付近

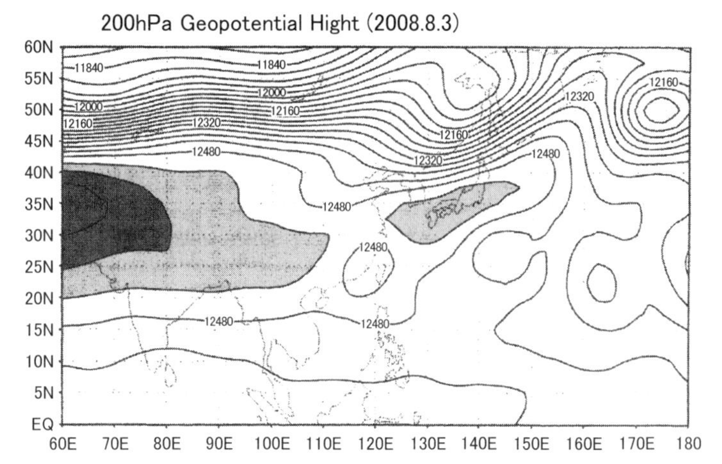

図 3-2-3　気候シフト以降に多く出現した南高北低型時における
対流圏上層気圧分布（200hPa 等圧面高度場）（2008 年 8 月 3 日）

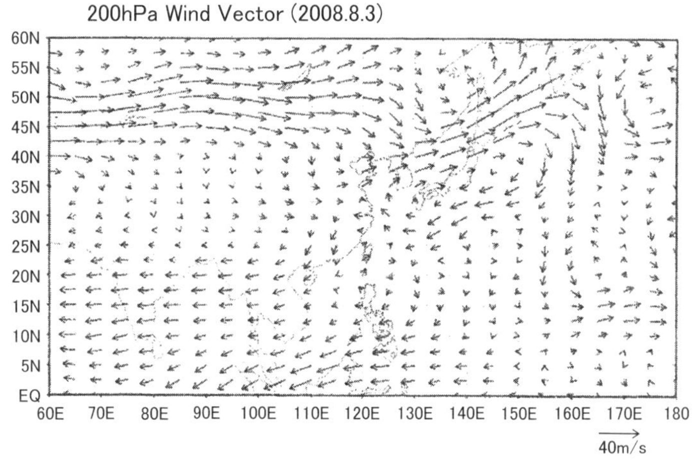

図 3-2-4　気候シフト以降に多く出現した南高北低型時における
対流圏上層部（200hPa 等圧面高度場）の水平風ベクトル（2008 年 8 月 3 日）

は南アジア高気圧の勢力圏内にある。

この時の水平風ベクトルは（図 3-2-4），イラン側にシフトした南アジア高気圧の中心と日本付近に形成された高気圧の渦が確認でき，その北側を流れる亜熱帯ジェット気流が日本付近で大きく北側に蛇行してリッジを形成していることがわかる。このため，北太平洋高気圧の西への張り出しが容易となる（図 3-2-5）。

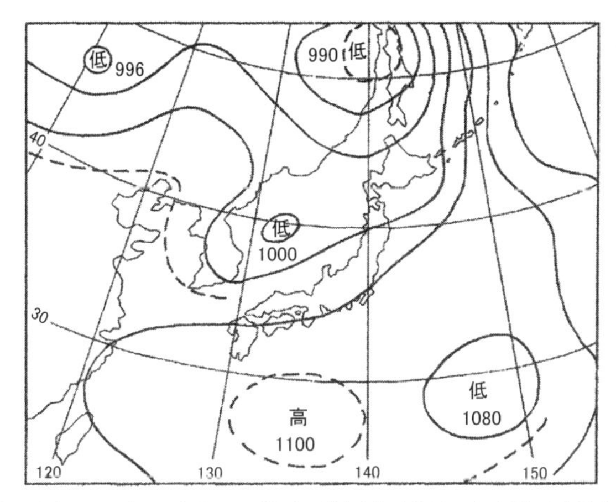

図 3-2-5　南アジア高気圧の中心がイラン付近に位置する場合の夏型気圧配置（2008 年 8 月 3 日）

日本付近は発達した北太平洋高気圧に覆われ，西日本が中心の場合には南高北低型，全国的に広く覆われると全面高気圧型となり，猛暑になりやすい気圧配置型となる（大和田・石川，2005；大和田ほか，2006)。すなわち，南アジア高気圧の盛衰が日本の夏の暑さを決定する大きな要因となるのである（吉野・福岡編，大和田，2003)。

3. 3　上層気圧場変動とヒートアイランド

地球温暖化による熱帯海域の海面温度の上昇は，ハドレー循環を強めて亜熱帯高圧帯の領域面積を拡大させる（田中，2007)。気候シフト以前のユーラシア大陸の対流圏上層に形成される高圧帯は，チベット高気圧を中心とするものであった。すなわちチベット高気圧の盛衰や規模が，日本の夏の暑さを決定するといっても過言ではなかった。安成（1989）は,冬季において降雪量が多かった年の夏は,少なかった年に比較して暑くなりやすいことを指摘している。これは，チベットを中心としたユーラシア大陸での降雪量が少なかった年は，夏のチベット高気圧の勢力が強まり，その北を流れる亜熱帯ジェット気流が東アジアで蛇行してトラフを形成し，北太平洋高気圧の日本付近への張り出しが弱まるためである。

しかし，最近の研究では（Qian Y. *et al*., 2002），地球温暖化によってチベット高気圧の範囲が西側にまで拡大し，南アジア高気圧と呼ばれるようになった。南アジア高気圧は Liu　X. *et al*.（2000）の研究に示されているように，季節によってその中心位置を変えるようである。すなわち，初夏はチベット高原付近に現れるが，徐々に西側に移動してイラン高原付近にいたり，秋季に向けて再び東側に移動する傾向があるという。したがって，南アジア高気圧は北緯 35 度付近の緯度帯に沿って，東経 60 度から 110 度の範囲を移動していると考えられる（大和田ほか，2006）。

1950 年以前のわが国の夏型気圧配置は，オホーツク海を中心に発達した冷涼なオホーツク海高気圧型の出現頻度が高かった。これは，この時代の南アジア高気圧が東経 100 ～ 110 度のチベット高原を中心に位置していたため，日本付近が亜熱帯ジェット気流のトラフにあたり，北太平洋高気圧の西への張り出しを阻止していたからである。しかし，気候シフトと呼ばれる 1970 年代後半からは，南アジア高気圧の中心が東経 60 度のイラン高原付近にシフトしたため，東アジアのトラフも西側に移行し，日本付近は東側に迫り出した南アジア高気圧の東端支配下に属するようになった（大和田ほか，2001；大和田・畔柳，2004；大和田・石川，2005）。

このため，北太平洋高気圧の西への張り出しが容易となり，対流圏上層部が南アジア高気圧，中層部は北太平洋高気圧に覆われ，沈降性の昇温効果による大気に包まれやすくなっている（大和田，2006）。したがって，下層では乾燥断熱効果によって気温が上昇する傾向がみられ，1994 年の異常猛暑はその典型的な例である。とくに都市域では，ヒートアイランドによる密閉された三次元的な空間が，上層からの沈降性大気によって閉じ込められ，ヒートアイランド内部の等温層および逆転層をさらに強め，ヒートアイランド強度が増す結果となるのである（近藤・劉，1998；日下・木村，2004）。

3. 4　ヒートアイランドによる都市高温化

ヒートアイランドは都市特有の気象現象であり（西沢，1973，1977；尾島，2002），都市エネルギー使用量の目安となるものである（福岡，1983；藤部，2005；三上，2006；西村・鍋島，2006）。近年の過疎化と一極集中による都市域の拡大は，経済活動を活発化させるとともに二酸化炭素の排出量も増加させ，ヒートアイランド強度がさらに増す結果となっている（朴，1987；日下・木村，2004；中川，2011）。

都市のヒートアイランド形成要因は，都市化によって人口が集中してエネルギーの消費量が増し，地表面の粗度やアルベドによる熱伝導率の変化（西沢ほか，1979），および三次元的な都市空間の変化によるものである（吉野，1977，1978；吉野・福岡編，山下，2003；中川，2011）。したがって，都市内部は郊外地域に比較して気温が高くなり，人口規模の大きな都市ほどヒートアイランド強度も強まる傾向にある（福岡，1983）。しかし，わが国の中都市や小都市および集落や小規模住宅団地でも，ヒートアイランド現象は現れる（大和田・冨田，1978：大和田ほか，1979；榊原，1999，2001；榊原・北原，2003）。

日本の諸都市における人口とヒートアイランド強度との関係は，榊原・北原（2003）によって明らかにされている。諸外国との比較では日本の中都市のヒートアイランド強度は約2.0℃であるが（図3-4-1），この人口規模における西ヨーロッパの各都市の平均的なヒートアイランド強度は6.0℃である（Oke，1987；福岡編，1995）。しかし，アメリカは8.0℃に達している。これは歴史的な都市と新興都市との構造の違いによるものである（福岡編，1995；中世都市研究会編，1998；望月，2001）。

すなわち，ヒートアイランド強度は都市域における河川や湖などのオープンスペース，三次元的な緑被率および緑陰率のみならず（福岡，1992，2011;福岡ほか，1992；福岡編，1995；成田，2008；山口，2009），都市建物や道路の熱容量，路面の透水性とも密接な関係をもっている（森山，2004）。西ヨーロッパの都市が

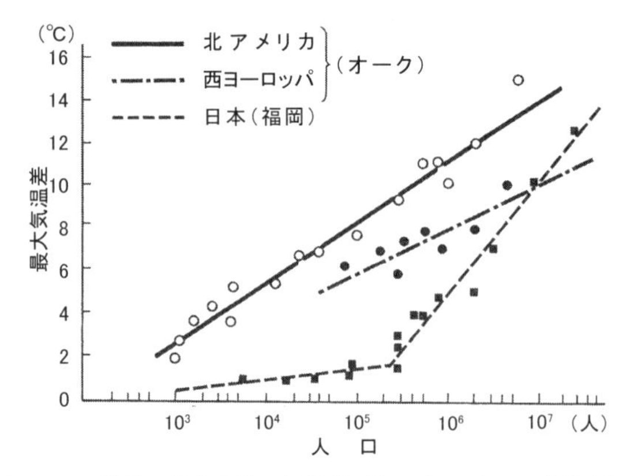

図 3-4-1　世界の都市内外の気温差（ヒートアイランド強度）と都市人口規模との関係（Oke, 1987）

図 3-4-2　ヨーロッパの古い街並みに多い透水性路面の工事（フィンランド，ヘルシンキ）（大和田撮影）

アメリカの都市に比較してヒートアイランド強度が小さいのは，歴史的な都市構造と透水性の路面の影響も考えられる（図 3-4-2，図 3-4-3）。

しかし，わが国のヒートアイランド強度は，人口約 30 万人を超えたあたりから傾きが急になり，北アメリカやヨーロッパを上回るようになる（Oke, 1987）。これは，人口が 30 万人までの都市が木造・モルタル中心で，きわめて熱容量の小さな建物構造から成り立っているのに対し，30 万人を超えたあたりからコン

図 3-4-3　透水性路面に使われている花崗岩ブロック
（スウェーデン，ストックホルム）（大和田撮影）

図 3-4-4　高層建築物が林立する名古屋市中心部（大和田撮影）

クリート系の熱容量の大きな建物が都市中心部を構成するためであり（図 3-4-4），都市が二重構造になっているからである（福岡編，1995）。

現在，東京都のヒートアイランド強度は約 12.0℃，大阪市が 7.0℃および名古屋市が 5.0℃であり，大都市ほどヒートアイランド強度が指数関数的に強まる傾向になっている（中川，2011）。名古屋市のヒートアイランド強度が，わが国の中都市の基準値をわずかに上回る程度なのは，大都市にみられる大型高層建築物

図 3-4-5　第二次世界大戦後に建設された名古屋市の 100m 道路（若宮大通り）（三輪撮影）

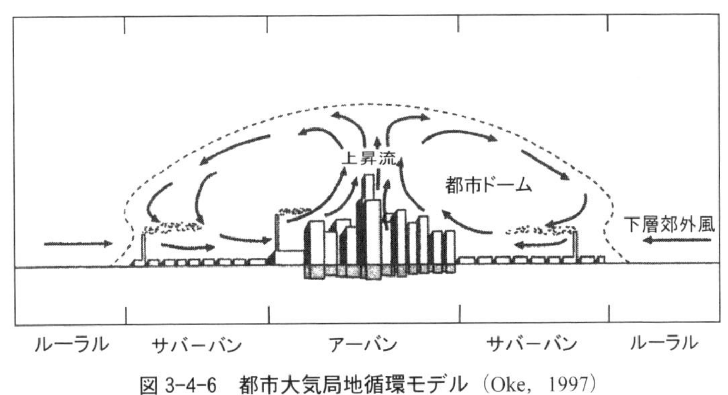

図 3-4-6　都市大気局地循環モデル（Oke，1997）

の占める割合が少ないためであろう。また，第二次世界大戦で破壊された都市の再建計画が進歩的であったことも否めない事実である（根本・小林，2002；日本建築学会，2005，2009）（図 3-4-5）。

図 3-4-6 は，Oke（1997）によって描かれた都市大気の模式図であるが，都市のヒートアイランドが対流現象をなしていることを最初に発見したのは Okita（1960）である（図 3-4-7）。Okita（1960）は，北海道の上川盆地に位置する旭川市とその周辺地域において，樹木に付着した霧氷の方向からカントリーウィンド（郊外風）を確認した。カントリーウィンドは，都市中心部の上昇気流による低圧部に向かう郊外からの風の流れであり，都市部と郊外地域の気圧差による鉛直

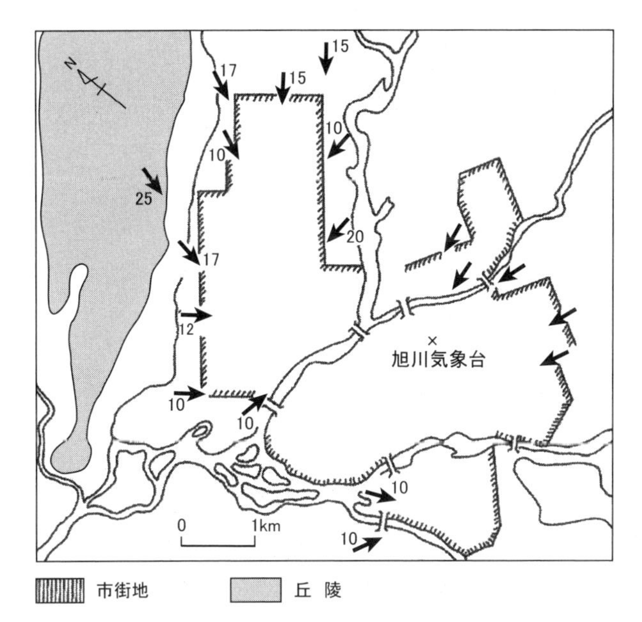

図 3-4-7　樹木に附着した霧氷から推定した旭川市街地に向けて郊外から流れ込むカントリーウインド（Okita，1960）

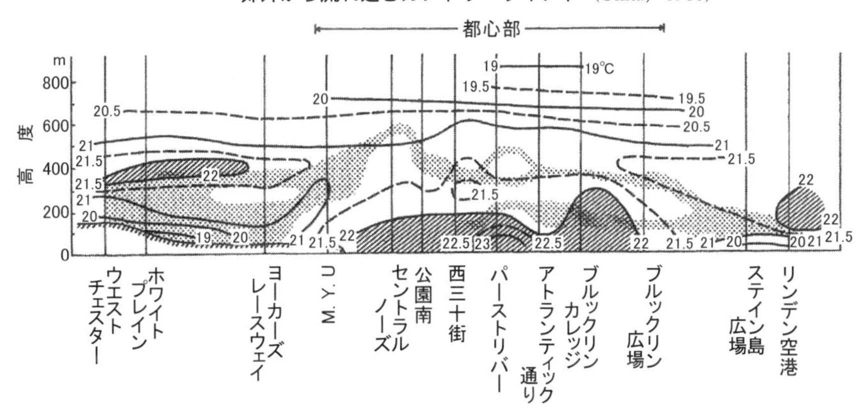

図 3-4-8　ニューヨーク市における気温の鉛直断面（Bornstein，1968）

対流の下層流である。

その後，アメリカのニューヨーク市において Bornstein（1968）が，1964 年 7 月 16 日早朝にヘリコプターによって，ヒートアイランドの鉛直構造を明らかにしている（図 3-4-8）。この研究で重要なことは，ヒートアイランドの上限高度

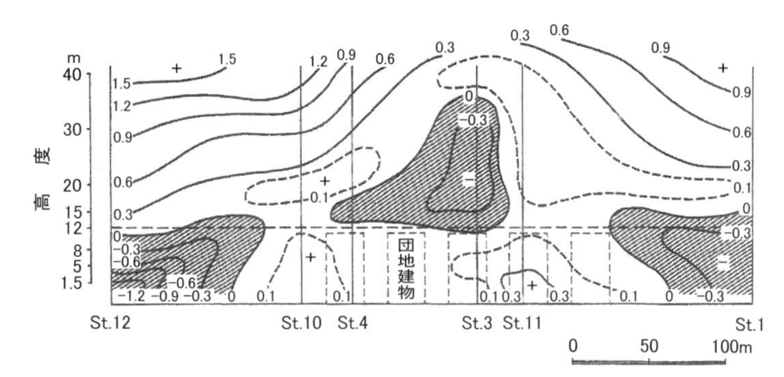

図 3-4-9　愛知県北名古屋市西春団地における気温の鉛直断面
(1977 年 5 月 1 日 1 時 05 分)（大和田ほか，1979）

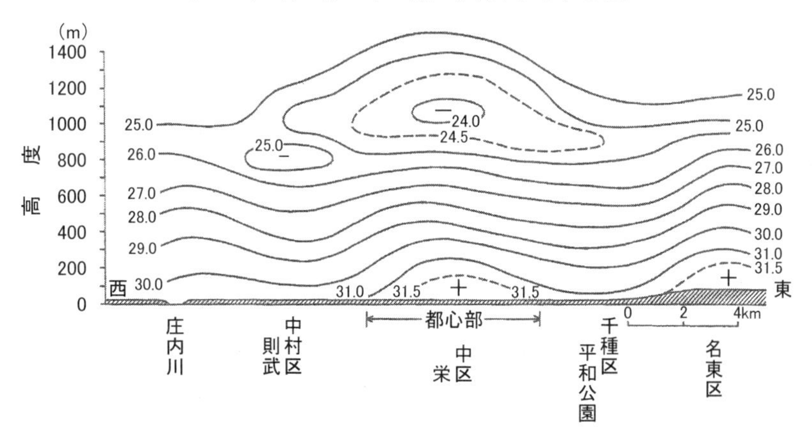

図 3-4-10　名古屋市の東西断面における気温の鉛直分布
(1986 年 8 月 1 日 13 時 00 分～ 14 時 30 分)（大和田，1987）

を知るクロスオーバーポイントを確認したことである。クロスオーバーポイントは，都市上空において郊外地域に比較して気温が低くなる現象で，ヒートアイランドの対流現象の規模を解明する手がかりとなるものである。その結果，ニューヨーク市のクロスオーバーポイントは高度 300 ～ 500m の間であった。

この現象は，わが国においても小規模住宅団地で実証していて（図 3-4-9），5 階建て中層団地地域の上空 15 ～ 30m の高さに「負」の偏差域，すなわちヘリウムバルーンを使用した観測によって，クロスオーバー現象が現れることを確認した（大和田ほか，1979）。さらに，大和田（1994）は名古屋市の夏季の飛行機観

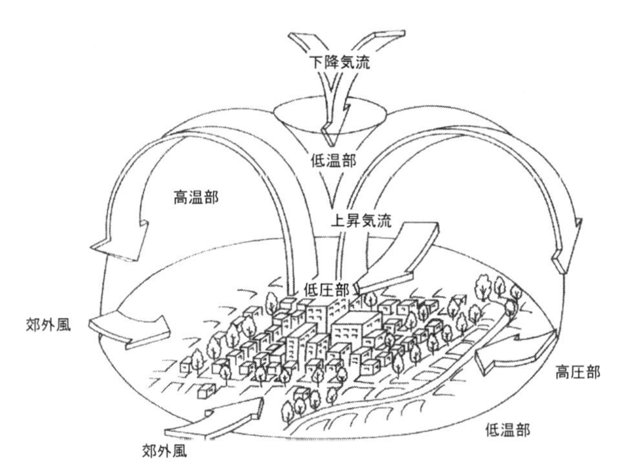

図 3-4-11　都市大気の循環モデル（大和田，1989）

測によって，クロスオーバーポイントが高度 900 ～ 1,000m 付近に現れることを明らかにした（図 3-4-10）。すなわち，名古屋市中心部の気温が，上空約 900m 付近で郊外地域の気温を下回ったのである。

これは，ヒートアイランドが都市規模によって強まるように，都市中心部では上昇気流が発生して低圧部になることから，相対的に気圧の高い郊外地域からの大気の流入によって対流が起こり，都市域特有の局地循環が発達する現象である（図 3-4-11）。したがって，都市中心部の上空では，対流現象による下降気流によって気圧が低くなって上空の寒気が入り込む構造であり，クロスオーバーポイントもしくはゾーンは，ヒートアイランドの上限高度を意味するものである（高橋・福岡，1994）。

ヒートアイランド強度は，ヒートアイランドの上限高度と密接な関係にあることが予想され，三次元的なヒートアイランド対策が求められる。しかし，世界的にもヒートアイランドの三次元的な観測例が少なく，定量化には至っていないのが現状である。　（大和田道雄・大和田春樹）

Ⅳ　名古屋市のヒートアイランド分布

4.1　名古屋市の概要

中部地方の太平洋側に位置する名古屋市は，市域面積が326.45km^2，人口約230万人で東京都，横浜市および大阪市に次ぐ大都市である。名古屋市の中心部に位置する中区三の丸は北緯35度10分，東経136度54分にあって（図4-1-1），緯度的には西の京都市，東の静岡市と大きな違いはみられないが，大阪市（北緯34度42分）と東京都（35度41分）との緯度差は約1度（約100km）であり，名古屋市と大阪市との緯度差は約30分である。したがって，名古屋市は東京都よりも大阪市との緯度差が小さい。しかし，大阪市や神戸市に面する大阪湾は淡

図4-1-1　人口約230万人の名古屋市中区三の丸（細野撮影）
手前が愛知県庁，奥が名古屋市役所である．

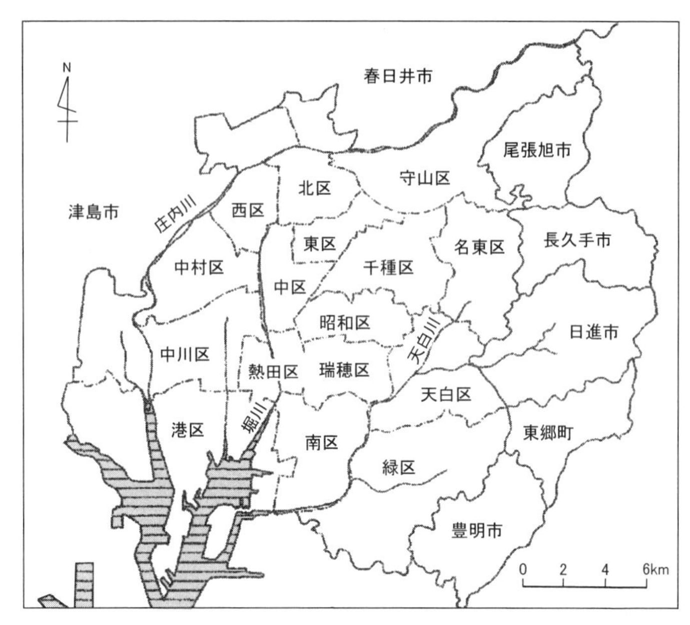

図 4-1-2　名古屋市の行政区

名古屋市は 16 の行政区からなり，中区，東区が CBD（中心業務地区）をなしている．

路島によって閉ざされているため，内海的要素が強いのに対し（大阪管区気象台，1971），名古屋市は伊勢湾の内海と遠州灘からの外海海風も進入する地形的な特徴をもっている（大和田，1994）。

名古屋市は 16 の行政区からなっており（図 4-1-2），名古屋市南部の最も伊勢湾に近い海岸部に沿う港区は，16 の行政区では最も区域面積が大きく国際的な貿易港を有している（図 4-1-3）。

湾岸部の多くは，明治末期から昭和中期までに埋め立てられて区域を拡大してきたが，海抜高度が 0m に近いために 1959 年の伊勢湾台風の襲来でほぼ全域が被害を受けた。1992 年に名古屋港水族館が開館し，2000 年には藤前干潟がラムサール条約に登録された。また，南区は笠寺観音で知られる旧東海道沿いに位置するが，山崎川や天白川に沿った平坦地が多く，伊勢湾台風では港区同様に甚大な被害を受けている。かつては製塩業が盛んであったが，現在は工場地帯として発展し，商業地および住宅地の混在地区である。

図 4-1-3　わが国第 1 位の輸出額を誇る名古屋港（神谷撮影）
輸出総額 10 兆 7455 億円（2016 年），自動車輸出台数は約 132 万台で，38 年連続日本一である.

図 4-1-4　名古屋駅の JR セントラルタワーズ（冨田撮影）
名古屋駅前は JR 名古屋高島屋の出店で，中区栄を上回る賑わいを取り戻してきた.

また，庄内川に沿う名古屋市西部の中川区は中川運河があり，人口は約 22 万人を有するが，現在では近年の宅地化が進む中で工業地域も減る傾向にある。とくに中村区は名古屋駅周辺にあたる地区で，かつては商工業地域であったが，JR セントラルタワーズ開業以来，名古屋駅の東側は超高層ビルが立ち並び，多くの百貨店の集客力もさることながら，ビジネス街としても発展しており，現在も大規模な開発が進んでいる（図 4-1-4）。

図 4-1-5　庄内川沿いから名古屋ルーセントタワーズを望む（冨田撮影）

庄内川が区の中央を流れる西区は，製菓会社や玩具の製造工業が多く，城下町の面影を残す反面，製造業も盛んでノリタケカンパニーリミテッド本社，および名古屋ルーセントタワーの建設によって再開発が進められている地区である。しかし，区の全域が平坦地形のため，東海豪雨では新川の堤防が決壊して水没した家屋も多かった（図 4-1-5）。

名古屋市の北部に位置する北区は，かつての中小工業地区から，住宅団地となって人口が急増した。これは，北東部の守山区でも同様で，区内全域での開発が盛んに行われ，人口が現在では 17 万人に達している。庄内川に沿う西区，北区および守山区は，伊勢湾からの海風の進入地域にあたるため，高温，高湿となって体感温度も高くなりやすい地域である。守山市が名古屋市と合併したのは 1963 年で，緑被率が最も高い守山区は，宅地開発が盛んであるにもかかわらず小幡緑地，愛知県森林公園がある。

これに対し，東区はかつて名古屋城の城下町であったが，区域の大部分が熱田台地で，工場跡地には住宅地が立ち並んでいる。また，ナゴヤドームもこの地区にあって，区の中心部には徳川美術館，徳川園があり，白壁地区は高級住宅地として知られている。官庁街には電線の地中化による緑陰地域も多く，ヒートアイランドの軽減に役立っている。

東区の南に位置する中区は，名古屋市の中核をなす地区で，栄周辺には商業施

図 4-1-6　名古屋市の中心部，栄ビル屋上の室外機群（大和田撮影）

図 4-1-7　名古屋市中区栄の久屋大通りの噴水（希望の泉）（大和田撮影）
噴水の周辺は気化熱の影響で約 2℃気温が低く現れる．

設が集中しており，多くのデパートが存在する。名古屋城の三の丸には愛知県庁，名古屋市役所，さらには丸の内から久屋大通りにかけての金融機関は，名古屋市の都市機能（CBD）の中心地であることから，昼間人口が最も多くなる地域である。したがって，地表面の多くがコンクリートやアスファルトに覆われ，ビジネス街のビル屋上では室外機が多く設置されて熱放出が著しい地区であるが（図 4-1-6），久屋大道りの街路樹が緑陰率を高め，噴水や親水による環境配慮もされている（図 4-1-7）。昭和区は，名古屋市の中心部に近く，多くの大学が位置す

図 4-1-8　2000 年東海豪雨で水没した天白区，野並の交差点付近
（井戸かね工業所，現・板野設備工業ホームページより）

る文教地区である。

また，熱田区は東海道五十三次の宮宿の宿場町として栄えた地区であり，現在の人口数は約 6.6 万人と少ないが，都心部にあって大型緑地を有する熱田神宮が都心部の緑被率を高める役目を果たしている。熱田台地の東側に位置する瑞穂区は丘陵地であるが，文教地区としての歴史があり，区の中央を流れる山崎川の桜並木は名所となっている。千種区は今池を中心とした商業地域を除けば東山公園，平和公園があって緑被率も高い住宅地である。天白川に沿う天白区は，かつて干潟であったために埋め立てが盛んで，住宅地として発展してきたが，2000 年の東海豪雨では，野並の交差点で道路が冠水する被害を受けている（図 4-1-8）。

また，南東部に位置する緑区は，日本の歴史を変えた桶狭間の合戦が行われた地区であり，現在では交通の要所として発展が著しい。かつて鳴海の宿場町であったが，1965 年から開始された土地区画整理事業によって住宅地開発が進み，名古屋では最も人口数が多い（約 24.3 万人）地区である。したがって，夜間人口が増加する地域であり，緑被率の減少が著しいものの，相対的には名古屋市の緑被率（24.9%）を維持する役目を果たしている。

名古屋市東部の名東区は，地下鉄東山線が開通して発展した東部丘陵地帯に広がる住宅地で，他地域からの住民も多く住んでいる。現在は長久手市との繋がり

図 4-1-9　名古屋地下鉄東山線終点の藤が丘駅周辺（大和田撮影）

も強く，尾張丘陵の高台にはマンションのみならず高級住宅地としての人気も高い。また，リニアモーターカーの始発地点の藤が丘駅周辺は（図 4-1-9），高速道路のインターチェンジもあってアクセスの要となっている。

4.2　名古屋市のヒートアイランド分布の変遷

現在では，名古屋地方気象台から東海地方のヒートアイランド監視報告（名古屋地方気象台，2009）が出されるようになったが，名古屋市でヒートアイランドの観測を最初に実施したのは 1978 年である（大和田，1980）。当時のヒートアイランドは中区を中心にして同心円状に分布しており（図 4-2-1），これまでのヒートアイランドの研究を裏付けるものであった（高橋，1959；榊原，1999；尾島，2002）。

名古屋市のヒートアイランドは，かつて平均偏差が 0.5℃以上の高温域が東区，中区，熱田区，および瑞穂区と南区の一部に現れており，東区は偏差値が 1.0℃以上であることから，ヒートアイランドの中心域であったといえよう。1978 年当時の名古屋市の人口は約 209 万人であるが，ヒートアイランド強度は 2.0℃であった（大和田，1994）。

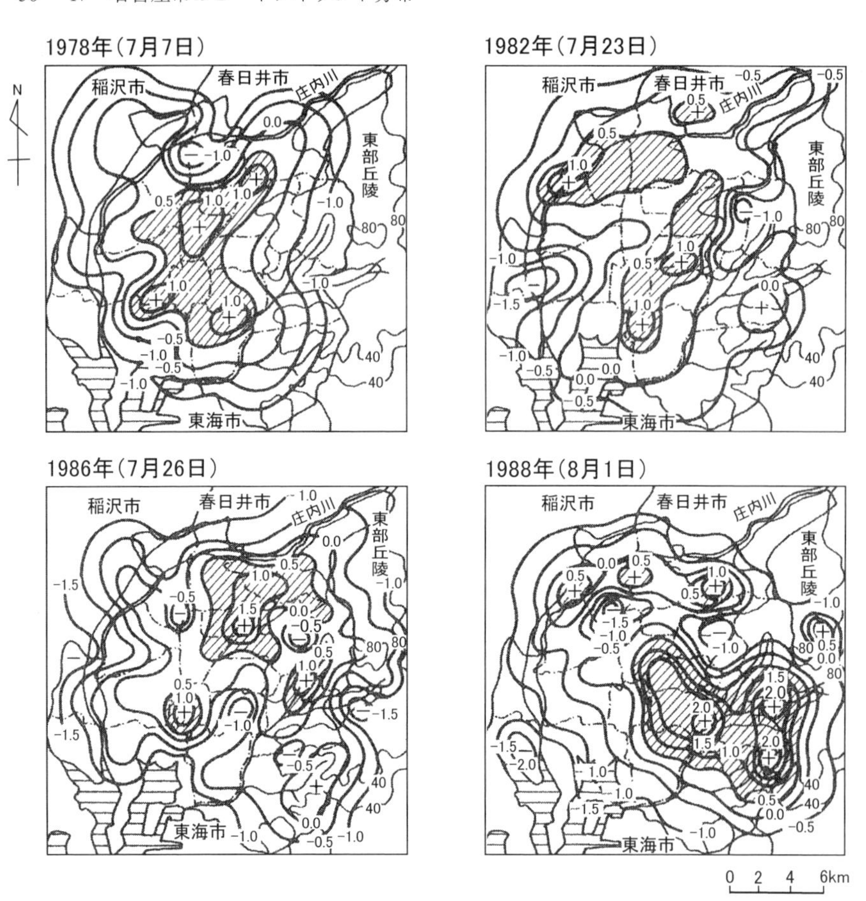

図 4-2-1　名古屋市域におけるヒートアイランドの変遷（大和田，1994）
観測は夏季の最高気温出現時（14 時）であり，1978，1982，1986，1988 年の結果である．

しかし, 1982 年になると人口数（約 209 万人）に違いはみられないものの, ヒートアイランド強度は 2.5℃に強まっている。さらに，1982 年のヒートアイランド分布が同心円状ではなく，分断して現れるようになった。平均偏差が 0.5℃以上の高温域は，北西部の北区，西区，および中村区から庄内川右岸の大治町にかけての地域，および市の中心部から東寄りの熱田区，昭和区，千種区付近に移動した。また，1978 年当時は「負」の偏差域であった天白区は「正」のヒートアイランド域に変化している。これは，天白区の宅地開発，および宅地造成によってヒートアイランドが形成されるようになったことを裏付けるものである（河村編,

1979)。また，庄内川右岸に沿う春日井市付近にもヒートアイランドの形成がみられ，名古屋市周辺部での都市化が急激に進行していることが読み取れる。

したがって，同心円状であった名古屋市のヒートアイランドが分散型になったのは，ヒートアイランド強度の強まりによって都市中心部の上昇気流が強まり，低圧部に向かう堀川や中川運河に沿う海風の進入によるものと考えられる（橋本ほか，1995；橋本・堀越，1996)。

さらに，1986年（約213万人）になるとヒートアイランドの中心域は，市の北東方向に移流する傾向がみられた（水越，1965；橋本・堀越，1996)。すなわち，おもな高温域は北区，守山区，東区，千種区，および名東区の一部にかけての北東部から東部丘陵沿いの地域に現れる。また，偏差値も1.5℃以上が現れ，ヒートアイランド強度が強まっていることがうかがえる。とくに名古屋市東部の名東区から天白区，さらに南部の緑区では宅地造成のために緑地の宅地化や森林伐採が盛んに行われ，裸地化によって地表面の熱容量がコンクリートやアスファルト並みになった（西沢，1990)。

1988年（約215万人）の観測結果では，ヒートアイランドの中心が昭和区から瑞穂区および天白区と緑区に移動した。とくに偏差値が2.0℃を上回る地域が，名古屋市南東部に現れており，年々ヒートアイランド強度が強まっていることが読み取れる。

この名古屋市におけるヒートアイランドの変遷は，1978年当時のヒートアイランド強度が約2.0℃であったのに対し，1982年は2.5℃，86年が3.0℃になり，88年には4.0℃を上回る結果となった（大和田，1994)。1978年と1988年との人口数の差は約6万人であるが，ヒートアイランド強度は2倍になっている（福岡，1983；福岡編，1995；榊原，2003；三上，2005；藤部，2005)。したがって，わが国の人口とヒートアイランド強度との関係は，人口30万人を超えたあたりから人口数に比較して都市形態や人工排熱量による影響が増していると思われる（近藤・劉，1998；保刈ほか，2015)。

以上の事実から，名古屋市のヒートアイランドは都市中心部から東部丘陵，および南東部の天白川に沿う地域に高温域が移動する傾向がみられた（水越，

1965)。これは，これらの地域の宅地開発が急激に進行したことに加え，夏季の日中における風の流れが10年前に比較して南寄りから南西寄りに変化してきているからである。したがって，名古屋市域のヒートアイランドの中心は，都市域の拡大と気圧場の変容による風向変化によって海風の進入経路が変わり，都心部から周辺地域に高温域が分散するようになったと考えられる（大和田，1994)。

4.3　名古屋市における夏型気圧配置とヒートアイランド

近年の地球温暖化による対流圏の大気大循環場の変容は，東アジアの夏型気圧配置の出現傾向にも影響を及ぼし，オホーツク海高気圧型が減少したのに対し，厳しい暑さをもたらす全面高気圧型，および南高北低型の出現頻度が増す結果になっている（大和田，2015)。そこで，猛暑の原因となる夏型気圧配置時の典型的な例を挙げ，ヒートアイランドの分布の特徴を探ってみた。

過去30年間で最も「全面高気圧型」の出現頻度が高かったのは1994年である。1994年の夏は，前年の1993年のオホーツク海高気圧型が持続した異常冷夏年とは反対に，梅雨前線が6月下旬には北上し，日本列島全域が北太平洋高気圧に覆われた（図4-3-1)。

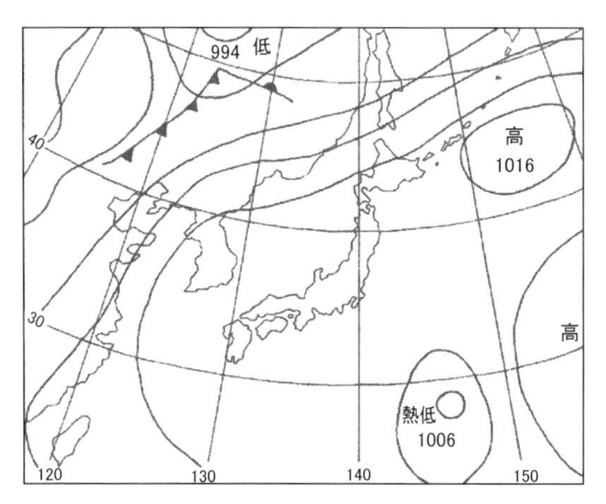

図4-3-1　名古屋市で観測史上2番目の暑さを記録した日（1994年8月5日）の気圧配置
全国的に猛暑年となった1994年は，全面高気圧型の出現頻度が高かった.

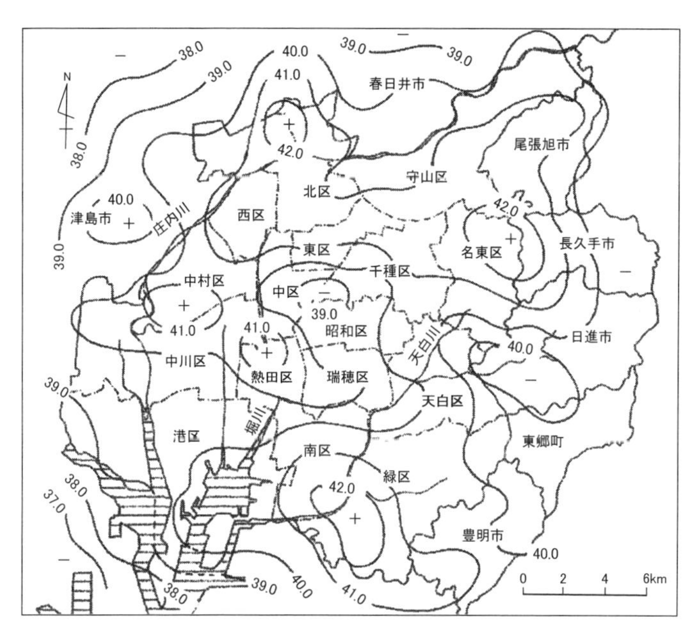

図 4-3-2　名古屋市における猛暑日（1994 年 8 月 5 日 14 時）のヒートアイランド分布（℃）（大和田，2006）

観測した 1994 年 8 月 5 日は，名古屋地方気象台における最高気温が観測史上 2 番目の 39.8℃を記録した猛暑日である（図 4-3-2）。この日の最高気温は，市域全体がほぼ 39.0℃以上である。したがって，中川区の南部，港区，中区から昭和区にかけての一部地域を除くほぼ全域が 40.0℃以上であった。40.0℃以下の地域は，庄内川に沿って遡上する海風の影響によるものである（橋本ほか，2001, 2005；橋本・堀越，2002）。

さらに，41.0℃以上の地域は名古屋市南東部の南区から緑区にかけてと，熱田区，中村区，および北部から北東部にかけての西区，北区，守山区，名東区，千種区にかけての広い範囲に現れた。とくに北区，名東区，南区では，42.0℃以上の猛暑になっている。この中で，南区の高温化の要因は急激な宅地開発による裸地化の影響が考えられるが（保刈ほか，2015），西区は庄内川に沿って進入する海風前線付近にあたるからである（橋本・堀越，2003）。このため名古屋市では，庄内緑地公園に大型ドライミスト機能を備えた噴水が設けられ（図 4-3-3），気

図 4-3-3　名古屋市西区庄内緑地公園に設置されたドライミスト（大和田撮影）

図 4-3-4　電線の地中化によって緑陰地域が広がる
名古屋市の中区・東区の官庁街（細野撮影）

化熱を利用した温度軽減効果に役立てている。また，名東区の暑さの原因（42.0℃以上）は，西寄りの卓越風による高温域の移流が考えられ，今後ますます高温化することが予想される。

その反面，名古屋市中心部の官庁街では39.0℃以下を示している（図 4-3-4）。これは，この地域を中心とした電線の地中化により，三次元的な緑地配置がなされているからに他ならない（森山，2004；三上，2009；小林，2011；村上ほか，

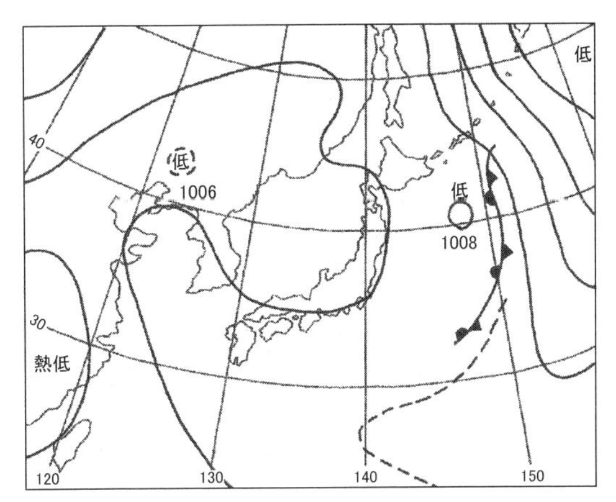

図 4-3-5　愛知万博が開催された夏の主な気圧配置（2005 年 7 月 21 日）
近年増加傾向にある南高北低の気圧配置であった.

2012)。夏季の日中はアスファルトやコンクリートの表面温度が 55.0℃以上にも達することから，ヒートアイランドの原因ともなっているが，緑陰はその影響を抑える役目を果たしている（大和田，1989)。その結果，最も気温が低かった名古屋市南西部と高温域との気温差は 5.0℃に達し，ヒートアイランド強度も強かったことがわかる。

これに対し，最近出現頻度が増加した「南高北低型」は，西日本が北太平洋高気圧に覆われて北日本を日本海低気圧が次々と通過する気圧配置型である（図 4-3-5)。したがって，北日本は不安定な天候が続くものの，西日本は猛暑になることが多く，1995 年はその典型的な例である（吉野・甲斐，1975；大和田，1992)。

とくに東海地方は，北太平洋高気圧の西縁に沿う南西風が，風上側の鈴鹿山脈を越えてフェーン現象となって吹き下りるため，気温上昇が著しい傾向がみられる。このため，東海地方（名古屋地方気象台）の猛暑日および体温を上回る 37.0℃以上の猛暑日日数は，1995 年が 1994 年を上回った。現在，南高北低型は 1980 年以前に比較して出現頻度が約 2 倍になっている（大和田，2015)。

観測を実施した 2005 年は，愛知県で万国博覧会が行われた年であるが，南高北低型の気圧配置が多くを占めた典型的な夏であった。図 4-3-6 は，2005 年 7

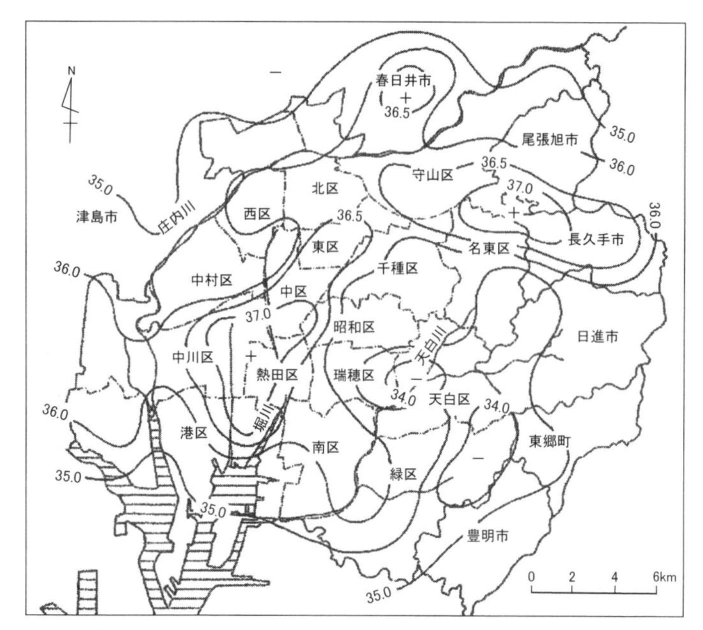

図 4-3-6　愛知万博が名古屋市東部長久手市で開催された夏の名古屋市域における最高気温分布（℃）（2005 年 7 月 22 日 13 時 30 分）（大和田，2006）

月 22 日 13 時 30 分の最高気温分布を表したものである。この日は名古屋市のほぼ全域が猛暑となったが，南東部の天白川に沿う地域では 35.0℃以下となり，低い所では 34.0℃以下と最も気温が低かった。

これは，天白川に沿う海風の進入によって気化熱が奪われたものと推定できる（橋本ほか，2001；橋本・堀越，2002）。しかし，海風前線地域にあたる瑞穂区では，2004 年 9 月に時間雨量 107mm の集中豪雨が発生し（大和田・深谷，2006），浸水被害が相次いだ。当時の上空は，天白川に沿う南東風と名古屋市北西部からの北東風が収束し，瑞穂区周辺はヒートロー（熱的低気圧）の影響と思われる反時計回りの渦が確認できた（三上，2008）。

これに対し，熱田区を中心とする都市中心部と守山区東部から名東区北部，および長久手市にかけての地域は 37.0℃以上の猛暑となった。これは，名古屋市北部および西部の気温が高いことから，フェーン現象によるものと考えられる。また，熱田区を中心とする高温域はヒートアイランドによるものと考えられるが，

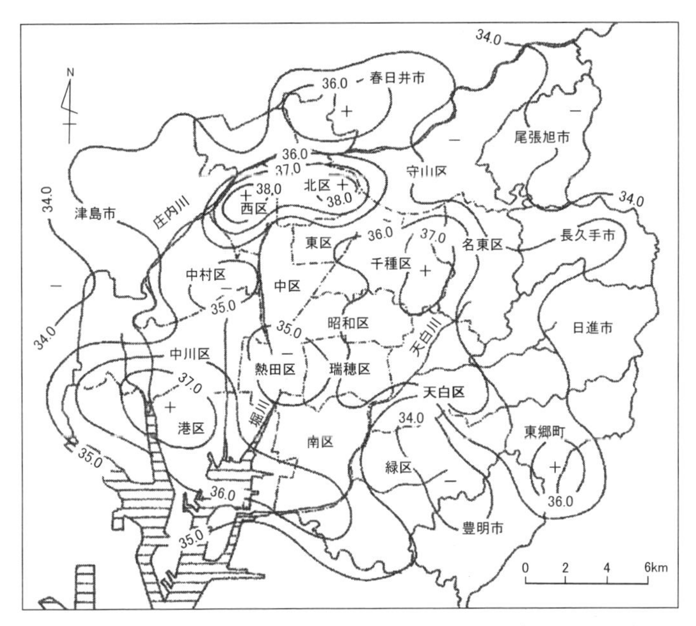

図4-3-7　南高北低型時における名古屋市域のヒートアイランド分布(℃)(2008年8月2日14時)
都市中心部が周辺域に比較して気温が低くなっている.

東部の長久手市から守山区南部に現れた高温域は，熊谷市にみられたような中心部の高温域が南西寄りのフェーンを伴った風によって移流したものと思われる（水越，1965）。

さらに，同じ南高北低型の2008年8月2日の調査では，名古屋市全域が35.0℃以上の猛暑であった（図4-3-7）。とくに名古屋市南西部の港区，西部の中村区から北部の北区にかけての地域，東部の千種区では37.0℃以上であった。北区と西区では，38.0℃以上も出現していることから，この地域が伊勢湾からの海風とフェーンを伴った西寄りの気圧傾度風との局地前線が形成されていたことがわかる（西浦，2009）。これに対し，都市中心部の東区，中区，中村区南部，熱田区では36.0℃以下であり，とくに熱田区では35.0℃以下と気温が低めに現れた。いわゆる都心部が周辺地域に比較して低くなってきているのである。

この気圧配置での伊勢湾岸地域での風の流れは，ほぼ南西寄りの風系によって支配されているが（大和田，2015），海岸部では遠州灘から三河湾にかけて南寄り，

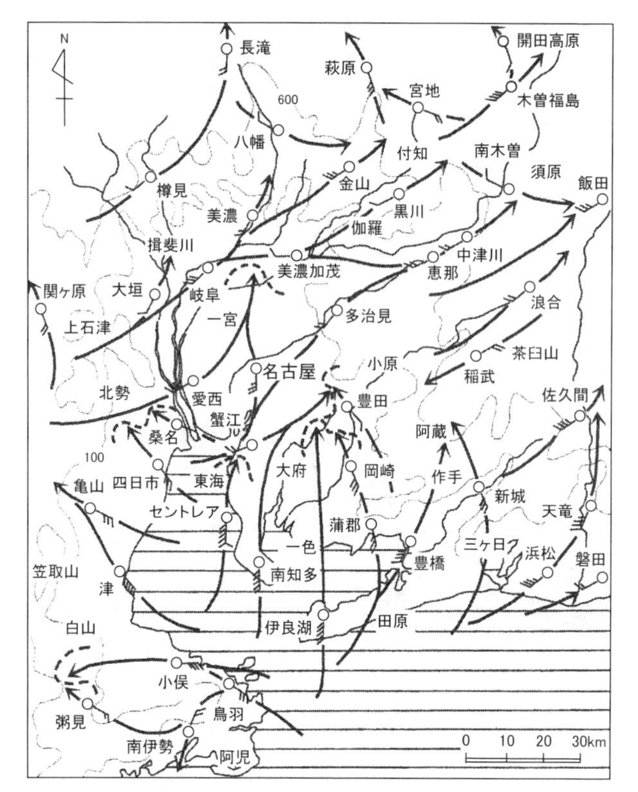

図 4-3-8　南高北低の夏型気圧配置時における伊勢湾岸地域の風向分布（2008 年 8 月 3 日 14 時）（大和田，2015）
名古屋市域は，伊勢湾からの海風と紀伊山地を越えてくる南西の気圧傾度風の影響を受けている．

伊勢湾南東部の伊勢平野では南東から東寄りの海風の進入がみられる。伊勢湾北部の桑名市や東海市では，鈴鹿山脈から吹き下りてくる南西の風と海風との間に局地不連続線が形成されている（図 4-3-8）。このような現象は，境川沿いの大府市，矢作川沿いの岡崎市および豊田市にもみられ，これらの地域は乾燥した南西風と南寄りの海岸部からの海風との接触によって，局地的積乱雲が発生しやすいために局地豪雨地域になりやすい傾向がある（大和田ほか，2016）。

この気圧配置では，伊勢湾岸地域では鈴鹿山脈を吹き下りてくるフェーン現象の影響を受けていることがわかる。その結果，名古屋市は海岸部からの南よりの

図 4-3-9 南西のフェーンを伴った風によって名古屋市中心部のヒートアイランドが移流する名古屋市東部の長久手市（大和田撮影）

海風，および鈴鹿山脈からの南西風に支配されている。岐阜県の盆地的要素をもつ多治見市は，名古屋市のフェーンを伴った南西風の風下側にあたるため，名古屋市域で形成されたヒートアイランドによる高温域が移流・停滞し，猛暑となりやすい地形的条件を備えているといってよい（福岡・中川編，2010；大和田ほか，2010，2015；岡田ほか，2014）。

したがって，名古屋市の異常猛暑の原因は，南高北低型の気圧配置に伴う南西，および西寄りの風が鈴鹿山脈を越えてフェーン現象をもたらすからである。今後，南高北低型の出現率が高まっていることは，猛暑日数の増加および猛暑地域が名古屋市中心部のみならず，名東区や長久手市の東部丘陵沿いにも現れやすくなってきていることを示唆するものである（図 4-3-9）。

この傾向は，2009 年 8 月 12 日の観測でも実証されており（佐藤，2010），南高北低の気圧配置では，最高気温出現時において名古屋市北部および東部の広い範囲で 35.0℃以上となり，北区，春日井市，日進市では 36.0℃以上であったが，都心部の東区では 34.0℃以下と 2.0℃以上も低かった。とくに熱田区では 33.0℃以下であった（図 4-3-10）。

以上の事実から，1970 年代の名古屋市は都心部を中心とした高温域が同心円

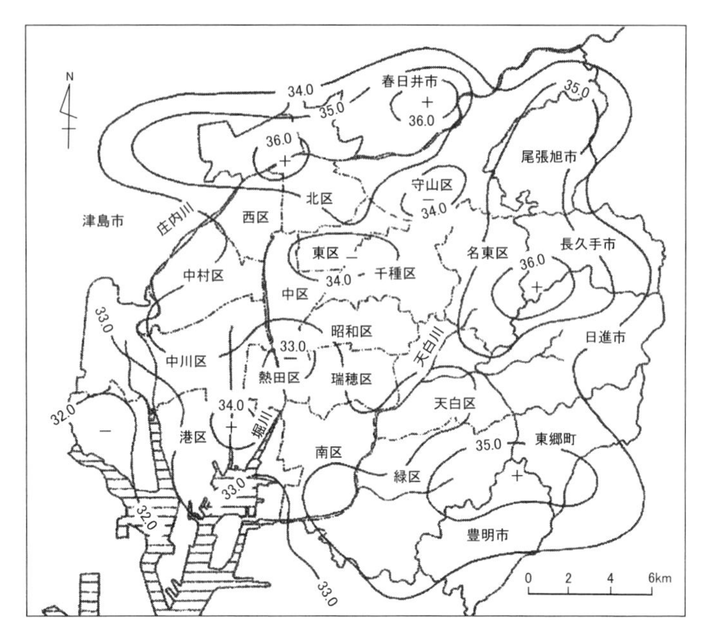

図 4-3-10　南高北低型の夏型気圧配置で，名古屋市域の高温域が東部に移流した 2009 年 8 月 12 日 13 時 30 分のヒートアイランド分布（℃）（佐藤，2010）
中区，東区，熱田区では 34.0℃以下であるが，名東区や長久手市では 36.0℃以上の猛暑地域となっている．

状をなしていたが（大和田編，1980），2000 年代に入ってからは都心部が周辺地域よりも気温が低くなるドーナツ化現象が起きていることが判明した。これは，都心部で蓄積したヒートアイランドの上昇気流によって，周辺地域の下降気流域が乾燥断熱効果によって高温域を形成することが考えられる。また，都心部の電線地中化による街路樹の三次元的な生長による緑陰率の高まり，および緑被率の向上によるものであり，環境施策の賜物といっても過言ではない（日本建築学会，2007；山口，2009）。

（大和田道雄）

V　名古屋市の暑さ

5.1　名古屋市の暑さの現状

2015年は，梅雨明けと同時に北日本の太平洋側を除くほぼ全域が北太平洋高気圧に覆われ，全国的に猛暑が相次いだ。東海地方が梅雨明けした7月20日は，熱帯低気圧が朝鮮半島南部にあって，日本海には梅雨前線が停滞しているが西日本には北太平洋高気圧がセル状に張り出していた（図5-1-1）。

このため，最高気温出現時には名古屋市域のほぼ全域が35.0℃以上の猛暑となった（図5-1-2）。この日は，名古屋市の中心部の東区，中区から庄内川左岸

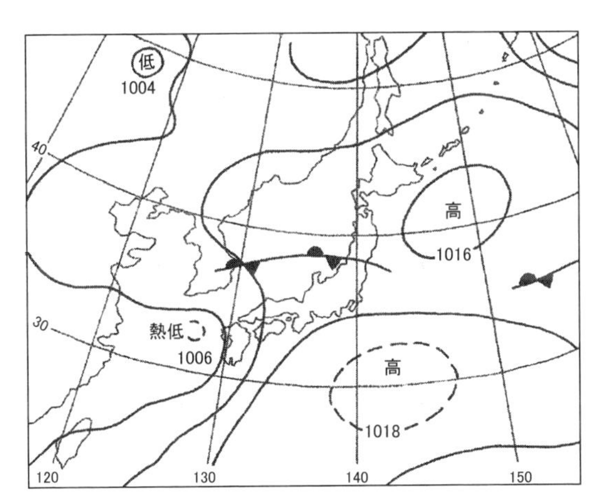

図5-1-1　梅雨明け直後の夏型気圧配置（2015年7月20日）
北日本には梅雨前線が停滞しているが，西日本は北太平洋高気圧の圏内にあり，南高北低型にも分類される．

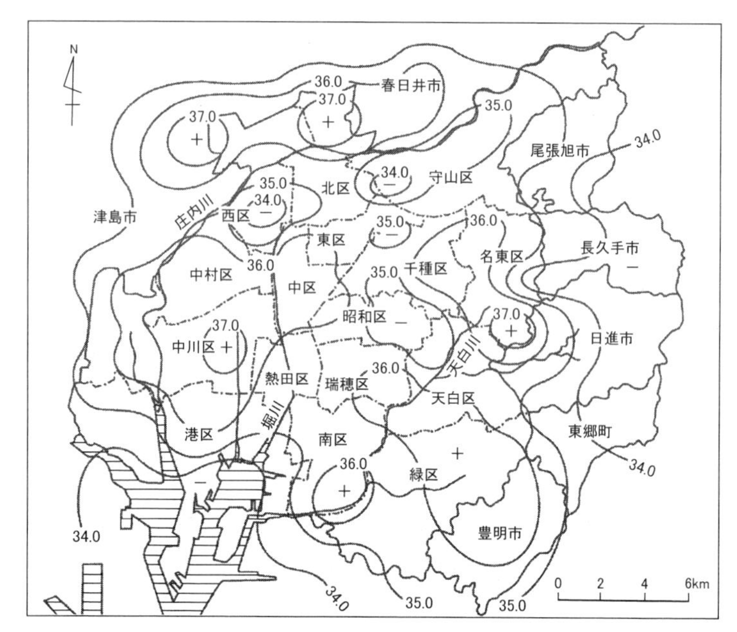

図 5-1-2　梅雨明け直後の名古屋市域におけるヒートアイランド分布
(2015 年 7 月 20 日 14 時)
名古屋市のほぼ全域が猛暑日（日最高気温 35.0℃以上）となった.

にあたる西部の中村区，中川区にかけての広い範囲，および名古屋市北部の西区から春日井市にかけての庄内川右岸，南東部の南区から瑞穂区，天白区，名東区の一部が 36.0℃以上の高温域となり，局地的には中川区，西区，北区，名東区で体温を上回る 37.0℃以上が現れた（図 5-1-3）。

しかし，西区南部，守山区，および名東区では 34.0℃以下の局地的に低い地域もあり，市域内の気温差は 3.0℃以上に達した。これは，セル状の高気圧が日本列島の南岸に張り出していたため，伊勢湾岸地域では高気圧の縁に沿う南寄りの風が支配していたからである。また，名古屋市域は伊勢湾からの気圧傾度風との相互作用によって庄内川，および中川運河，堀川に沿って海風が進入しやすい特徴がある（橋本ほか，1995，2001）。さらに，梅雨が明けた東海地方は，8 月の上旬から南高北低の夏型気圧配置によって東海地方特有の猛暑が持続していた。このとき，岐阜県多治見市では 8 月 1 日に 39.9℃を記録している（図 5-1-4）。

図 5-1-3　名古屋市域の中で 37. 0℃以上が現れた中川区の庄内川堤防沿い（神谷撮影）

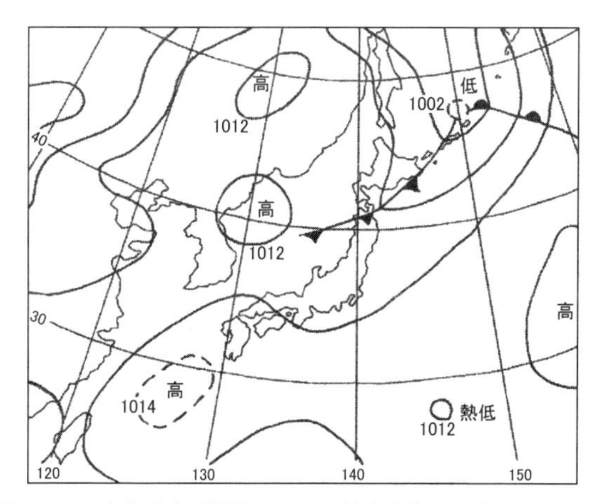

図 5-1-4　東海地方が猛暑となり，岐阜県多治見市で 39. 9℃を記録した日の気圧配置（2015 年 8 月 1 日）

したがって，8 月上旬は北日本を除く地域で猛暑となり，2015 年 8 月 11 日はこれまでの南高北低型に加え，東シナ海に熱帯低気圧，日本列島の南東海上には台風 14 号が通過していて伊勢湾岸地域は西よりの風に支配されていた。

このため，名古屋市域でもほぼ西よりの風が卓越しており，この日の最高気温出現時の高温域は埼玉県熊谷市の観測例にも示されているように，風下側の東側に移動した格好となった（水越，1965）。これは，過去の名古屋市域におけるヒートアイランドの鉛直観測の結果から，ヒートアイランドの上限高度が約 1,000m に達しており，風下側への移流は十分に考えられるからである（大和田，1994）。

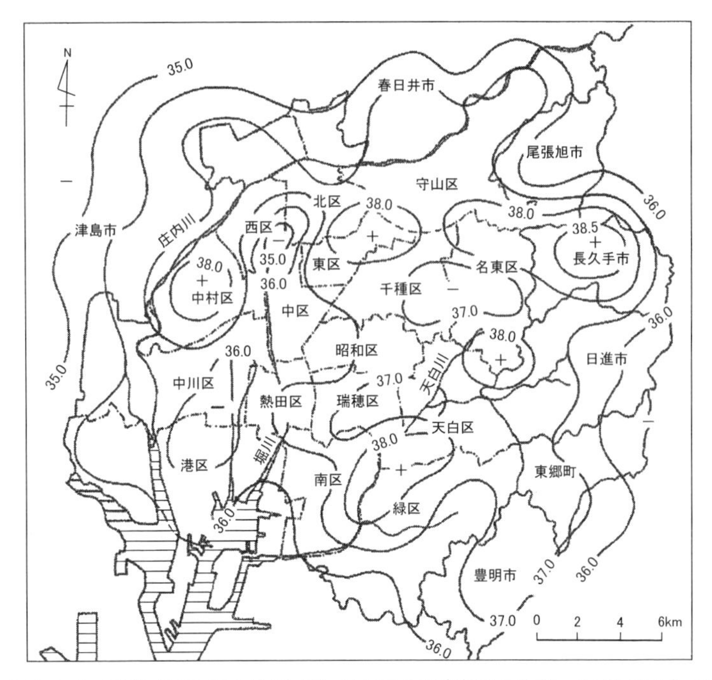

図 5-1-5　盛夏（2015 年 8 月 11 日）における最高気温出現時（14 時 20 分）の名古屋市域のヒートアイランド分布

この日の名古屋市域の最高気温は，名古屋市の西側にあたる庄内川右岸地域を除くほぼ全域が 36.0℃以上の猛暑であった（図 5-1-5）。とくに名古屋市西部の中村区，中心部の東区，南東部の天白区から緑区にかけてと，東部の名東区から長久手市にかけての地域では 38.0℃以上を記録した。さらに，長久手市では 38.5℃以上と最も気温が高く現れた。これは，南高北低型の気圧配置特有の現象である。しかし，中川区から港区，および北区から西区の一部では 36.0℃以下である。これは堀川に沿って進入する海風の影響によるものと思われる（橋本ほか，1995，2001，2005；橋本・堀越，1996，2002，2003）。

日中の海風は，三次元的な局地循環系をなしており，下層海風，中間層，上層陸風，さらに一般風の 4 層構造をなしており（図 5-1-6），気圧傾度風が西よりでも下層海風は内陸に進入するからである（Rossi，1957；吉野，1961；井野・根本，1972；Bemmelen，1992；大和田，1994）。

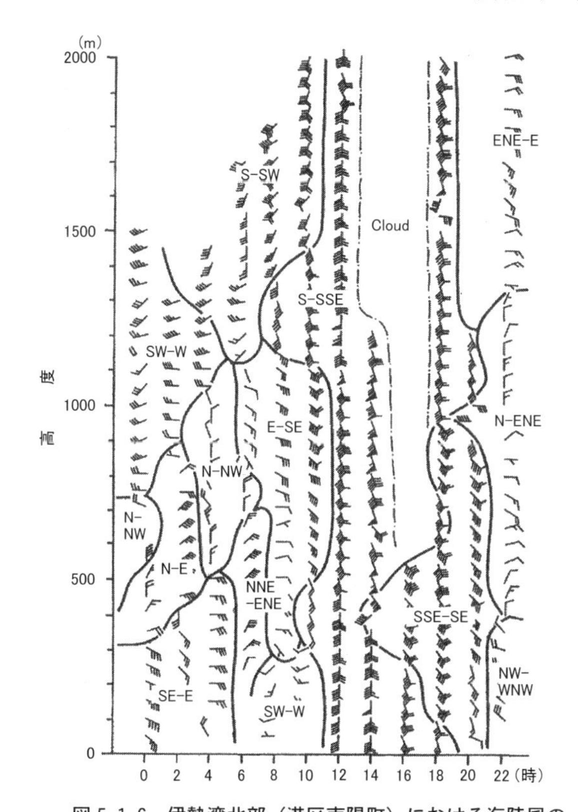

図 5-1-6　伊勢湾北部（港区南陽町）における海陸風の鉛直循環（1987 年 7 月 20 日）（大和田，1994）
夜間から早朝にかけては陸風循環，日中は海風循環が盛んである．

これに対し，庄内川左岸の中村区から守山区，北部の春日井市から東部の長久手市，日進市，東郷町，豊明市，および南部の緑区，南区，中心部の熱田区にいたる広い範囲が 37.0℃以上であった。したがって，この日は名古屋市域のほとんどが体温を上回る猛暑であったことになり，WBGT による体感温度も 31.0℃以上に達することから，屋外での労働や運動は原則として禁止となる暑さであった（川原・森本編，1994；環境省，2007，2008；堀江，2012）。

最高気温が 38.0℃以上に達した天白川沿いの緑区，天白区，さらに名東区から長久手市にかけての地域では，乳幼児や高齢者の健康管理に注意が必要で（図

図 5-1-7　名古屋市中村区の名古屋駅周辺でベビーカーを押す母親（冨田撮影）
日中は太陽からの日射しのみならず，アスファルト面からの輻射熱も考慮に入れなければならない.

5-1-7)，屋外は当然のことながら，屋内においても水分補給などの処置によって，熱中症の死亡事故を防がなければならない暑さであった（星・稲葉，2004；井上，2004；梶井ほか，2006；戎，2008；新矢ほか，2010；井藤，2011）。とくに猛暑日は太陽からの日射のみならず，アスファルト面からの輻射熱も加わり，40.0℃以上に達することも稀ではない（大和田，1989）。

5. 2　名古屋市における不快指数分布の変遷

名古屋の酷暑については，安井（1966）が気温のみならず湿度の高さも原因に挙げているように，蒸し暑さが名古屋市の暑さの特徴である。体感温度の研究は，福井（1942）によって本邦の体感気候を明らかにしたのが始まりで，不快指数は暑さの目安として多く使われてきた（荒川・常岡，1960；神山，1961；荒川，1969；荒川ほか，1970）。これは，温暖湿潤地域の日本には有効な暑さの指標だったからである（中村，1981；吉野・甲斐，1977；吉野，1978，1979，2003，2004）。

不快指数（DI）は気温と湿度から導き出した体感温度であり，2 つの気候要素を組み入れた温度環境の指標である（神山，1961，1985）。

$$DI = 0.72(T_d + T_w) + 40.6 \quad (5\text{-}2\text{-}1)$$

この式の T_d は乾球温度，T_w は湿球温度である。

Yaglow（1947）はこれに風の要素を取り入れ，有風時と無風時における体感温度を提唱した（大和田，1994）。さらに，Robert, L. Hendrick（1959）は気温と湿度，および風速を加えた快指数を提案し，北沢・森田（1962）は前橋市を例にした日本の常数を加えた快指数を導き出している。

しかし，温暖湿潤気候のわが国では，体感温度が湿球温度と密接な関係にあることから，体感温度を湿球温度から導きだす関係式を見出した（坂上，1972）。すなわち，体感温度（S）は

$$S = 0.32t_w - 3.30 \quad (5\text{-}2\text{-}2)$$

で表すことができ，上記の関係式に湿球温度（t_w）を加えることで導きだすことができる。そこで水越（1979）は，この式から日本各地の体感温度分布図を作成し，暑さの指数を 2 ～ 5 段階に区分した。しかし，この当時は酷暑に相当する体感指数「5」は得られなかった（大和田，1994）。近年の都市高温化を考えると，このような体感指数を比較するための研究が望まれる（藤部，2004，2009，2012；名古屋地方気象台，2009）。とくに都市域の体感気候が厳しくなることは，河村・朴（1985，1986）が明らかにしているが，名古屋市も人口 200 万人以上の大都市である。したがって，名古屋市域における不快指数にも地域差が大きいことが予想される（朴，1987；榊原・北原，2003；大和田・大和田，2010）。

これまで，名古屋市において最初の不快指数の観測を実施したのは，1970 年代後半である（大和田編，1980；大和田，1991）。当時の名古屋市における不快指数は，午前中（10 時 30 分）には全域において 80 を上回り，港区南部，庄内川に沿う中村区，中川運河および堀川に沿う熱田区から中区および南区，北区の広い範囲，さらに守山区，昭和区の一部では不快指数が 82 を上回った（図 5-2-1）。

不快指数値が高くなった地域は，気温も 32.0℃以上であり（図 5-2-2），中区

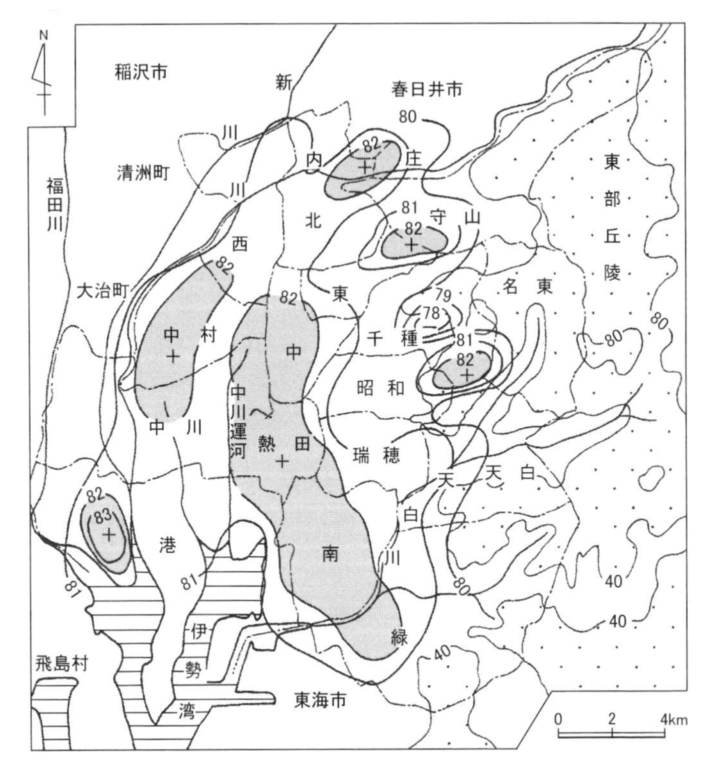

図 5-2-1　1970 年代の名古屋市における午前中（1978 年 7 月 7 日 10 時 30 分）の不快指数分布（大和田編，1980）

を除いてほぼ一致する。中区の不快指数が高まったのは，伊勢湾からの海風前線付近に位置することから，気温に加え湿度との相乗効果によるものと考えられる(橋本ほか，1995；橋本・堀越，1996)。

日中（13 時 30 分）になると（図 5-2-3），不快指数が最も高かったのは中区（図 5-2-4，図 5-2-5），瑞穂区および南区が 86，次いで中村区，港区および名古屋市南部地域の 85 である。

これは中村区，中区から昭和区，瑞穂区，南区にかけて局地不連続線が形成されていたからである（図 5-2-6）。すなわち，中村区から中区，瑞穂区および南区は伊勢湾からの南西風の海風前線地域にあたるためであり，前線の北側では西よりの風が吹いていた。この風は，北太平洋高気圧の西縁に沿う総観規模の気圧

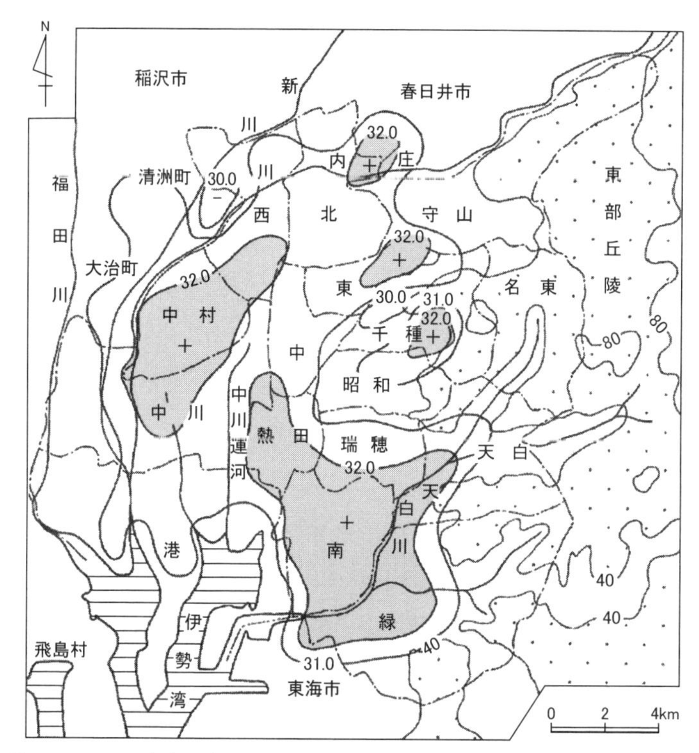

図 5-2-2　1970 年代の名古屋市における午前中（1978 年 7 月 7 日 10 時 30 分）の気温分布（℃）（大和田編，1980）

傾度風であり，フェーン現象を伴う高温風であることが予想できる（図 5-2-7）。

伊勢湾からの海風は，庄内川，中川運河および堀川に沿って進入しており，天白川では河川の走行に沿って，より内陸の昭和区，千種区付近にまで進入していることがわかる。これは，中緯度の海風前線が約 15 ～ 20km であるが（吉野，1968；大和田・橋本，1980），河川に沿う地域は都市中心部に比較して地上摩擦係数が小さいため，より内陸まで進入するからである。

この時の名古屋市の気温は，ほぼ全域が 33.0℃以上となり（図 5-2-8），中区を中心にして港区，北区，瑞穂区から南区にかけて 36.0℃にまで上昇していた。港区の高温域は，宅地および工業開発による造成工事によって（図 5-2-9），地表面が裸地化して緑被率が低下したためである（河村，1964；山口，2009；福岡，

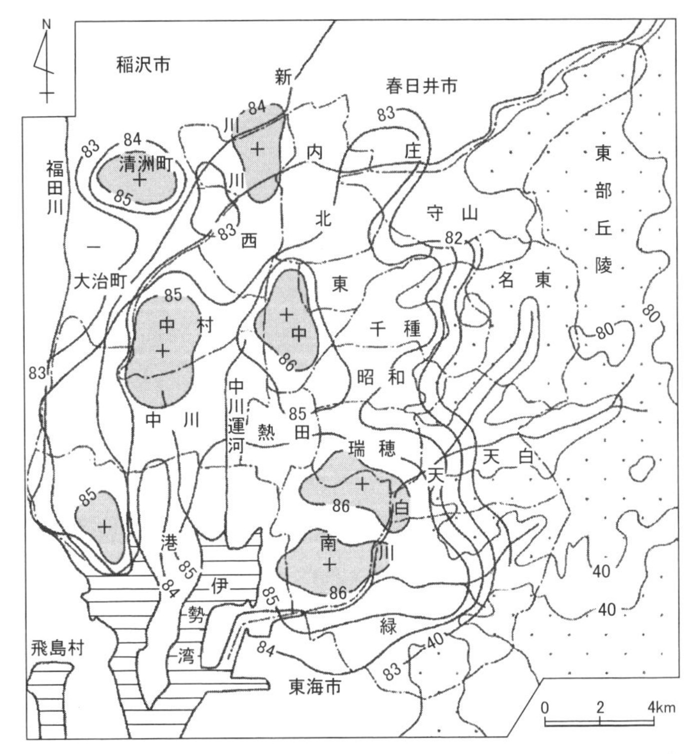

図 5-2-3　1970 年代の名古屋市における最高気温出現時（1978 年 7 月 7 日 13 時 30 分）の不快指数分布（大和田編，1980）

図 5-2-4　1980 年当時の名古屋市中区栄の交差点（大和田撮影）
当時の栄交差点は，名古屋市で最も集客力のある場所であった．

図 5-2-5　1980 年当時の名古屋市中区栄の松坂屋デパート前（橋本撮影）
当時は久屋大通りの緑地帯の樹高も低く，開放的な空間であった.

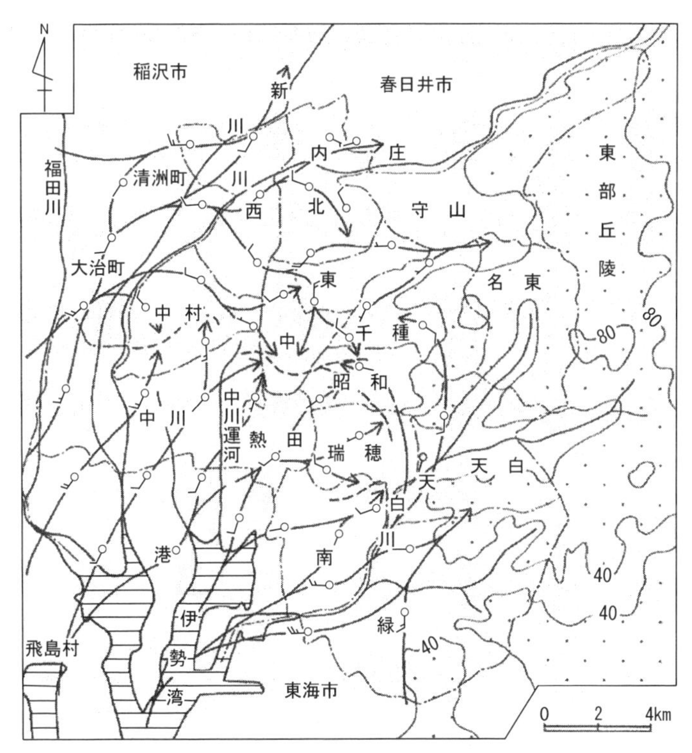

図 5-2-6　1970 年代の名古屋市における夏季の日中（1978 年 7 月 7 日 12 時～ 15 時）の風向分布（大和田編，1980）

図 5-2-7　1980 年当時，海風前線が形成され，高温・高湿になりやすかった瑞穂区の瑞穂競技場周辺（橋本撮影）

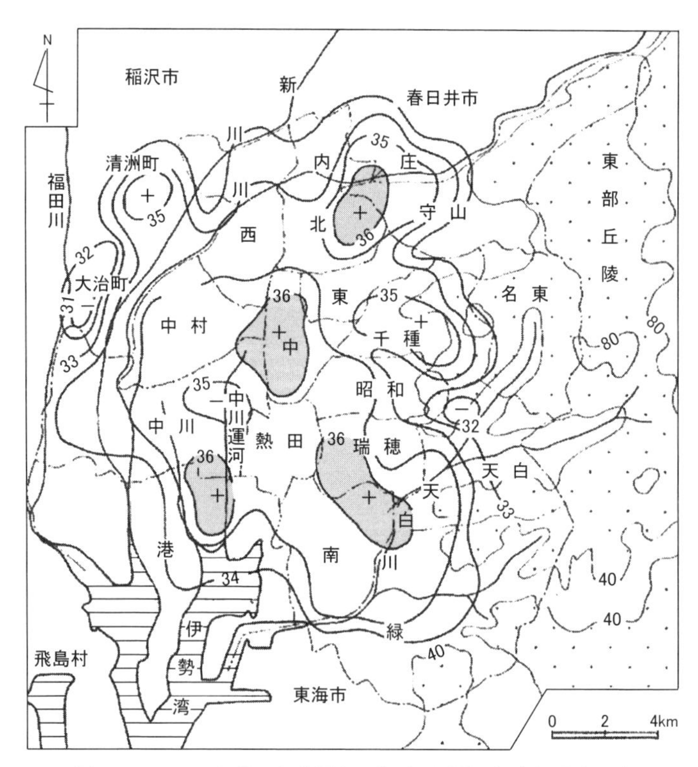

図 5-2-8　1970 年代の名古屋市における夏季の最高気温出現時（1978 年 7 月 7 日 13 時 30 分）の気温分布（℃）（大和田編，1980）

図 5-2-9　1980 年当時の名古屋市港区の臨海工業地帯（神谷撮影）

2006，2011）。

名古屋市における夏季の北太平洋高気圧時の風系は，10 時には名古屋市南部の天白川に沿う南区から瑞穂区，千種区，守山区および名古屋市東部の天白区付近で，伊勢湾からの南西の海風と北西の陸風および南東部からの陸風との間に，局地的な不連続線が形成される。さらに，12 時になると伊勢湾からの海風が強まり，西寄りの気圧傾度風が吹き始め，熱田区から中区，東区の都市中心部と守山区が局地不連続線地域となる（図 5-2-10）。

したがって，これらの高指数地域は，伊勢湾からの海風前線地域にあたることがわかる（大和田，1994）。これは，海風前線地域が気温だけでなく湿度も高くなる傾向があるからである（橋本・堀越，2002）。これに対し，局地不連続線地域にあたらない名古屋市の東部丘陵沿いの守山区，名東区および天白区では（図 5-2-11），不快指数が名古屋市域において最も低くなる傾向がみられた（大和田編，1980）。

しかし，近年の夏型気圧配置の変容により，南高北低型の出現率が高まってきた（大和田，2015）。観測を実施した 2008 年 8 月 2 日は（図 5-2-12 ），北日本が樺太の西に中心をもつ低気圧から延びる寒冷前線の影響を受けてはいるものの，西日本は舌状に張り出す北太平洋高気圧に覆われた南高北低の気圧配置型であった。これは，上層を流れる亜熱帯ジェット気流が，朝鮮半島から北日本にかけて通過していたことが予想され（大和田・石川，2005；大和田，2006），西日本で

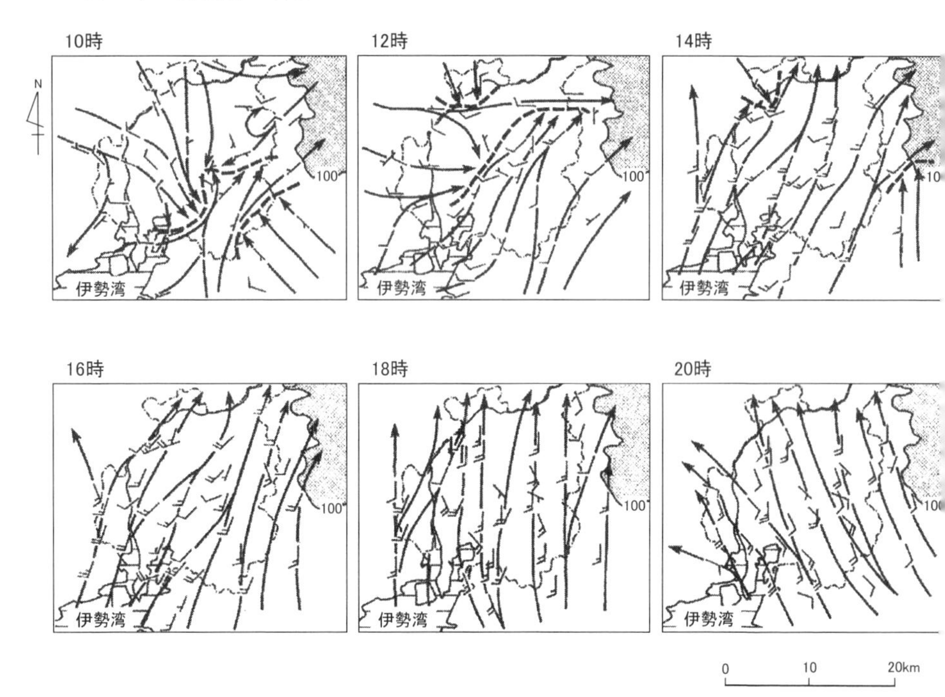

図 5-2-10　名古屋市域における夏型気圧配置時（1985 年 7 月 22 日 10 時～ 20 時）の風向変化（大和田，1991）

10 時から 12 時にかけて局地前線が形成され，14 時からは海風が強まり，日没後には 南東寄りの風になる．

図 5-2-11　名古屋市域で夏の暑さが凌ぎやすい東山東部丘陵の緑陰地帯（大和田撮影）

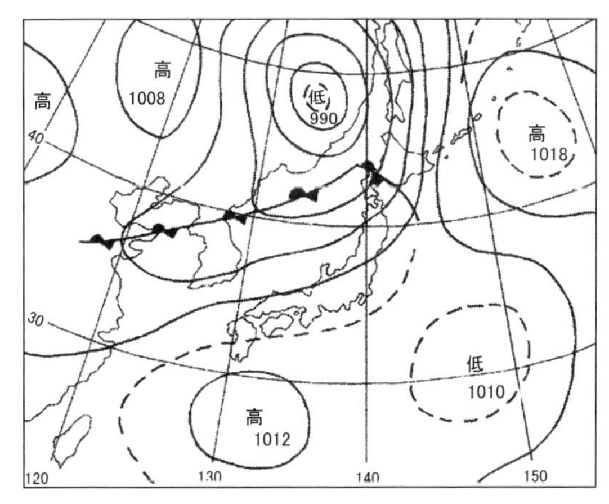

図 5-2-12　観測を実施した 2008 年 8 月 2 日の気圧配置
梅雨明け後の典型的な南高北低の気圧配置型であった．3

は北太平洋高気圧の西縁部に沿う西寄りの気圧傾度風が吹いていた。

この日の最高気温出現時における名古屋市の不快指数は（図 5-2-13），南部の港区，中村区から北部の北区，および東部の千種区から名東区にかけての地域で指数値が高かった（西浦，2009)。しかし，都心部の中区，熱田区，瑞穂区および西部の中村区の一部では指数値が低かった。したがって，1978 年当時との不快指数分布形態が大きく変ってきていることになる。とくに熱田区では，市域で最も低い 82 以下であった（加藤，1996)。

名古屋市の都心部に位置する熱田神宮は，歴史的にも規模の大きい緑地であり，熱田神宮内部の緑陰地域の不快指数が 82 以下であるのに対し（図 5-2-14），神宮西側の白鳥 3 丁目では 87 以上にも達している（図 5-2-15)。熱田区の不快指数値が低かったのは，都心部にあって熱田神宮の大型緑地効果が大きいことも否めない事実である。

これは東京都で丸太（1972）および三上ほか（2009）が，神宮外苑や代々木公園などの大型緑地でその効果を実証していることからも明らかであり，いかに大型街路樹や三次元的な緑被がその周辺地域の体感温度への効果が大きいかがわかる（福岡ほか，1992；半田ほか，1995；福岡，2011；三坂・成田，2012)。したがって，名古屋市域における不快指数は，時代の経過に伴う都市域の拡大，緑被率や

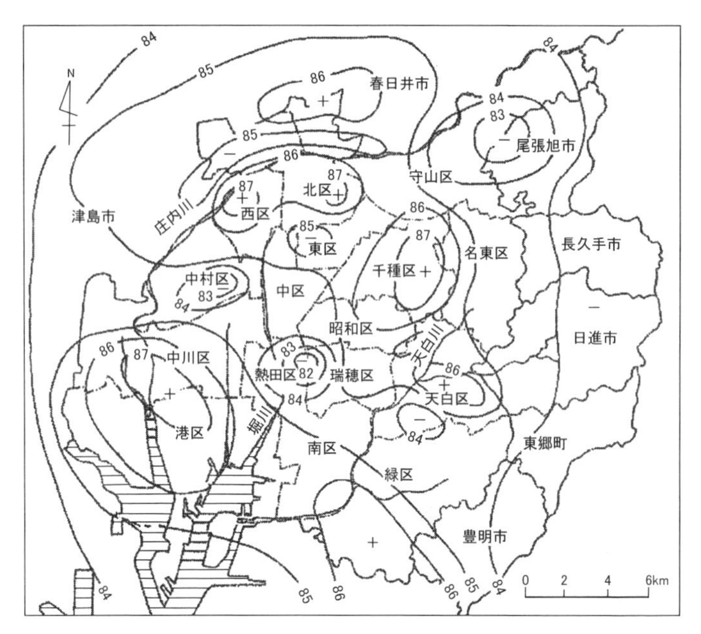

図 5-2-13　気候シフト後の名古屋市域における最高気温出現時（2008 年 8 月 2 日 14 時）の不快指数分布

南西部の港区から中川区，北部の西区から北区，千種区および天白区が 86 以上であった．

図 5-2-14　緑陰効果で不快指数が低く現れた熱田神宮（大和田撮影）

緑陰率の変容，海風前線の挙動の変遷によって分布形態に変化がみられることが明らかとなった。

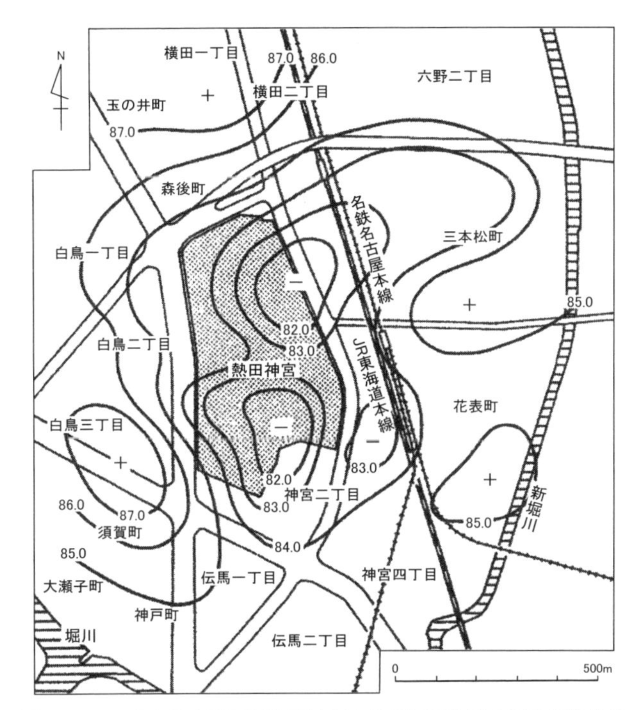

図 5-2-15　名古屋市熱田区熱田神宮とその周辺地域の不快指数分布
(1995 年 8 月 1 日 13 時)（加藤，1996）
熱田神宮からの冷気滲み出しによる影響は風下側約 200m である．

5. 3　名古屋市における不快指数分布の現状

これまで，熱中症患者の発生率が高いのは，梅雨明け直後と最も気温が高くなる盛夏であることを踏まえ，梅雨明け直後に焦点を合わせて不快指数の観測を実施した。しかし，2014 年は梅雨明けが発表されたものの，梅雨前線が北上・南下を繰り返す不安定な天候だった。2014 年 7 月 26 日は東北から西日本にかけて太平洋側を中心に北太平洋高気圧に覆われ，日本海には低気圧があって，梅雨明け直後の典型的な南高北低型の夏型気圧配置であった。(図 5-3-1)。

図 5-3-2 は，2014 年 7 月 26 日の最高気温出現時における名古屋市とその周辺地域おける不快指数の分布を表したものである。この日は，寒冷前線の通過に伴う上空寒気の南下で全域的に指数値が高くはないが，不快指数が 80 以上の地域

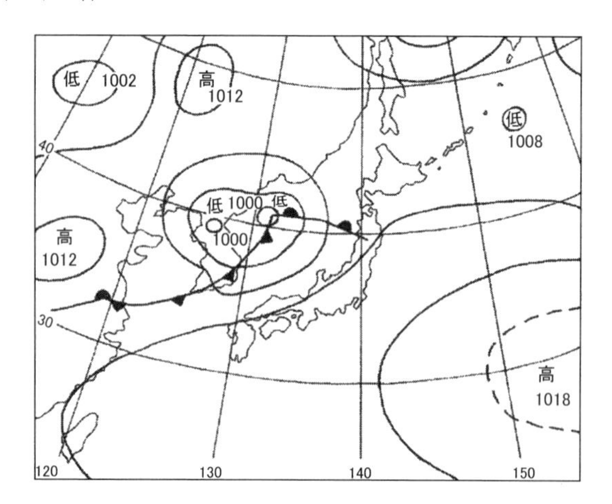

図 5-3-1　観測を実施した 2014 年 7 月 26 日の気圧配置
典型的な梅雨明け直後の南高北低型である.

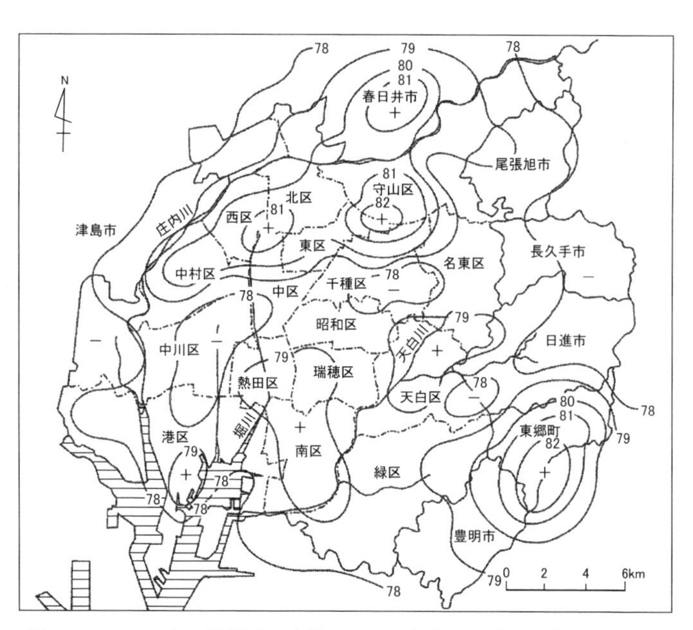

図 5-3-2　2014 年の梅雨明け直後における名古屋市域の最高気温出現時（2014 年 7 月 26 日 14 時 20 分）の不快指数分布

は名古屋市西部の中村区から西区，北区，東区，千種区，守山区，および北部の春日井市にかけての広い範囲と，名古屋市周辺部の東郷町と豊明市である。さら

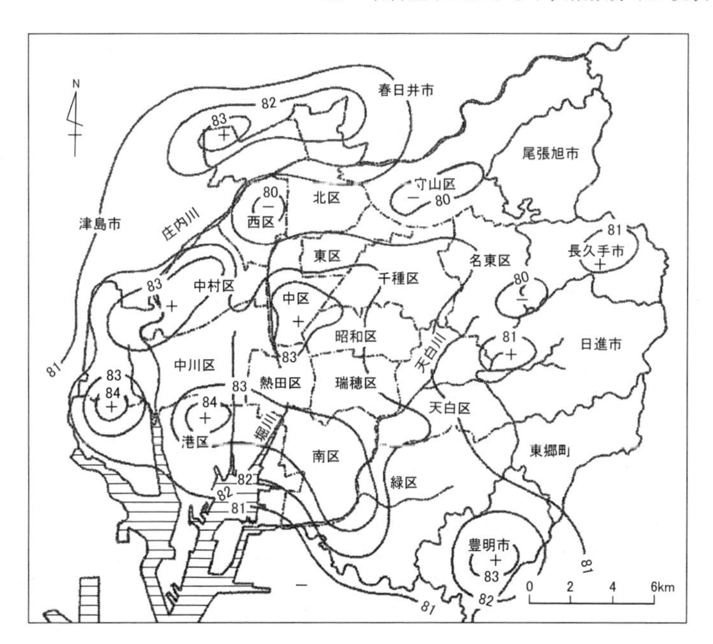

図 5-3-3　2015 年の梅雨明け直後における名古屋市域の最高気温出現時（2015 年 7 月 20 日 14 時）の不快指数分布

に，82 以上の地域は守山区と千種区北部，および東郷町南部であった。これに対し，78 以下と指数値が低かったのは，南西部の中川区から港区にかけての地域，昭和区，千種区南東部，天白区および名古屋市郊外の庄内川右岸や東部丘陵沿いの長久手市，日進市である。これは，伊勢湾からの海風による気温の軽減効果，および緑被率の影響によるものと思われる（今堀ほか，1996；橋本・堀越，2002；三上，2006；井幕・堀越，2011）。

これに対し，2015 年 7 月 20 日は梅雨明け直後の猛暑であった。これは，梅雨前線が朝鮮半島から東日本にかけて停滞しているものの，西日本は北緯 30 度，東経 140 度付近を中心にしたセル状の北太平洋高気圧に覆われ，高気圧の西縁に沿う南西の暖湿流が東海地方に流れ込んでいたためである（大和田，1982，1983，1994；大和田・大西，1986）。したがって，名古屋市全域が不快指数 80 以上を示したが，中村区，中区，千種区，昭和区，瑞穂区，緑区から熱田区，港区の広い範囲が指数 82 以上となった（図 5-3-3）。

図 5-3-4　海風が進入して相対湿度が高くなり，不快指数が高く現れた中川運河周辺（細野撮影）

さらに，気温が高かった中村区，中区，港区から南区および西区では，指数が 83 以上であった。とくに中川運河沿いでは，指数が 84 を上回る地域が局地的にみられ（図 5-3-4），堀川沿いや庄内川に沿う地域で高指数が現れたのは，南西の暖湿流が海風との相互作用によって流入したためと考えられる（橋本ほか，1995，2001）。

また，盛夏時における観測としては，2014 年 8 月 13 日に実施した不快指数の分布がある。この日は，前線がカムチャツカ半島から銚子沖まで長く延びていて，中部地方は雲が多く，蒸し暑い状態であった。したがって，典型的な夏型とはいえない状況であった（図 5-3-5）。

このため，全員が不快と感じる 80 以上の高い値は，名古屋市の中心部の中村区，中区，千種区から南部の南区，緑区にかけてであり，とくに中区と緑区南部では 82 以上であったが，名古屋市郊外は 78 以下の低い値を示し，指数値の地域差は 4 を上回った（図 5-3-6）。

しかし，典型的な南高北低の夏型気圧配置となった 2014 年 8 月 21 日の観測結果では，名古屋市とその周辺地域において 80 以上の高い値を示した（図 5-3-7）。

また，82 以上の高い値を示す地域は，中心市街地を囲むように港区，中川区，

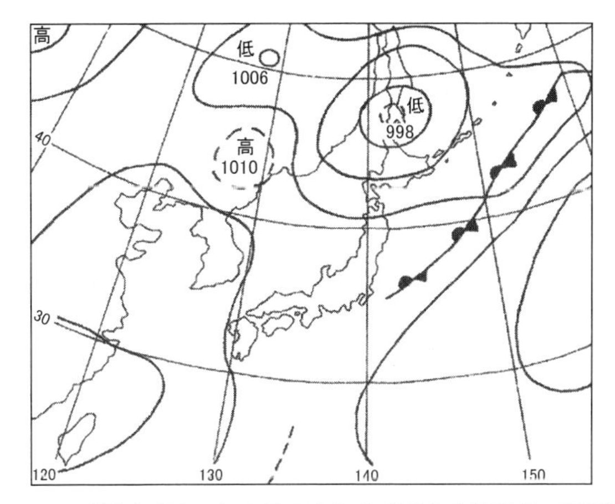

図 5-3-5　盛夏時（2014 年 8 月 13 日）に実施した観測日の気圧配置

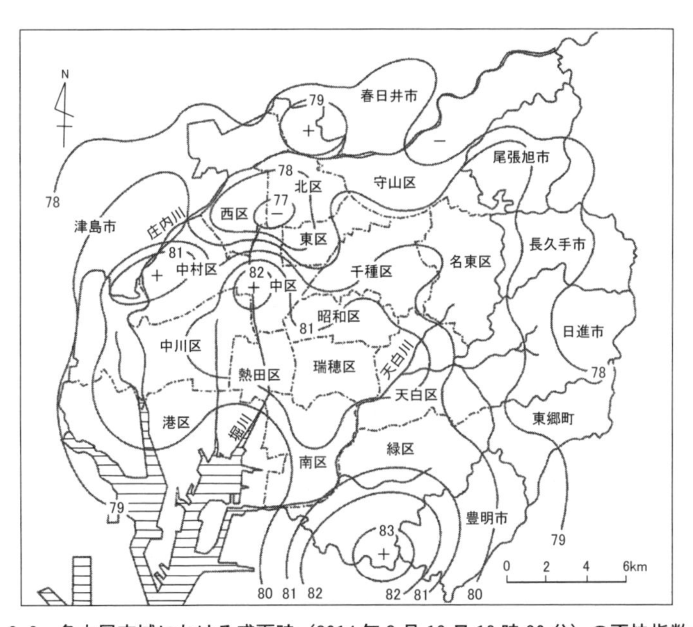

図 5-3-6　名古屋市域における盛夏時（2014 年 8 月 13 日 13 時 30 分）の不快指数分布

中村区から西区，北区，東区および名東区，天白区，緑区の広い範囲である。さらに 83 以上の地域は，港区，西区から北区，名東区北部と南部および豊明市に現れた。とくに西区と名東区では 84 以上となり（図 5-3-8），名古屋市域の中で

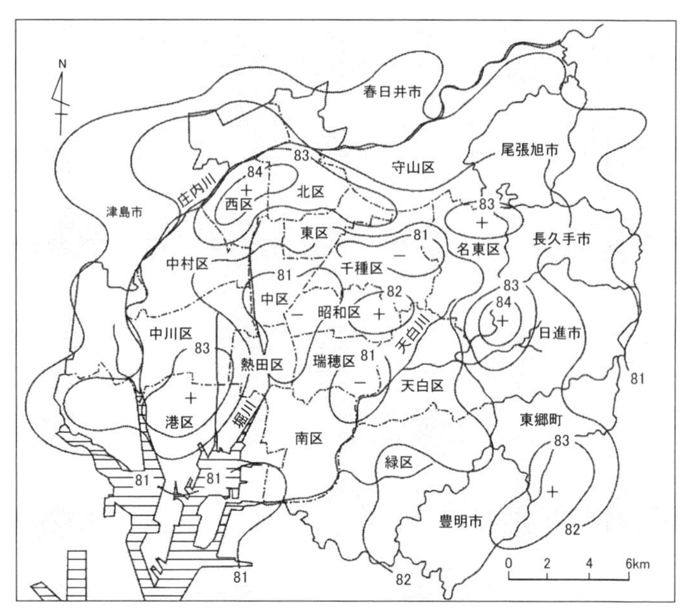

図 5-3-7　名古屋市域における典型的な南高北低型時
（2014 年 8 月 21 日 11 時 11 分～ 15 時 39 分）の不快指数の分布

図 5-3-8　盛夏時（2014 年 8 月 21 日 13 時 30 分）において不快指数が
高かった地域の名古屋市西区の天神山中学校グラウンド（冨田撮影）

最も不快指数が高かった。

これに対し，中区から熱田区にかけての地域と千種区，瑞穂区から南区にか

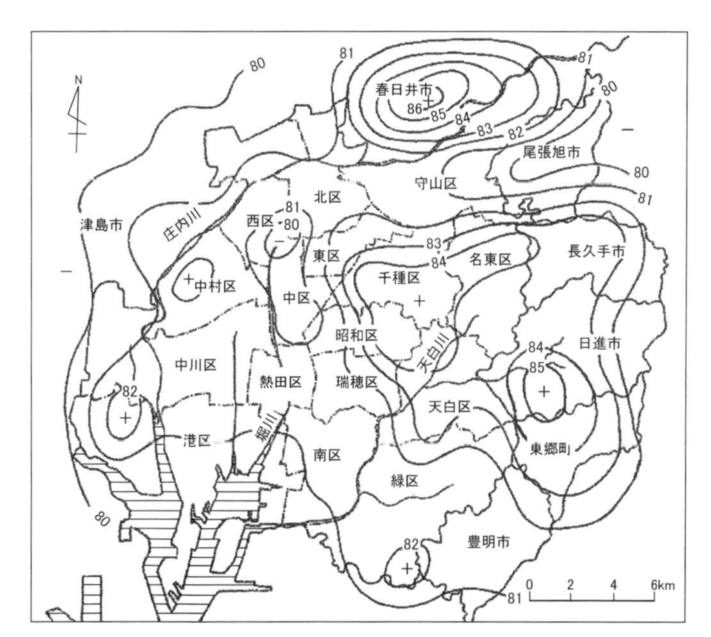

図 5-3-9　名古屋市域における南高北低の気圧配置でフェーン現象を伴った日（2015 年 8 月 11 日 14 時 20 分）の不快指数の分布

けての地域では，81 以下と相対的には低い値を示した（加藤，1996）。これは街路樹や公園，神社などの樹木による緑陰率の影響ではないかと思われる（福岡，1992；半田ほか，1995；福岡，2011）。

さらに，猛暑日となった 2015 年 8 月 11 日は，南高北低型の気圧配置によってフェーンを伴った風が名古屋市域を支配し，不快指数の高い地域が東側に移流した（大和田，1994，2006）。このため，東区，昭和区，瑞穂区および天白区より東側が，不快指数 82 以上になった。とくに千種区から名東区，東郷町では 84 以上の指数を示し，2015 年 7 月 20 日の不快指数分布とは逆のパターンとなった（図 5-3-9）。

また，特徴的なのは春日井市付近の不快指数が高いことである。春日井市では最も不快指数が高くなり，86 以上が現れた。これは，フェーンによる高温と庄内川に沿う暖湿流が押し付けられたことによるものであろう。これまでの研究成果から，春日井市は西よりの風が吹き込み，伊勢湾からの海風との間に不連続線が形成されやすい特徴がある（大和田，1991，1994）。

5.4　名古屋市の熱帯夜

都市化によって猛暑日日数が増加することは藤部（1998）が関東内陸部で実証しているが，その結果として熱帯夜による熱中症患者の増加も懸念される（梶井ほか，2006，2008；井藤，2011）。これは，大都市の都市建物の熱収支によって熱帯夜が形成されやすいからである（日下・木村，2004）。

1950年以降，東京都，大阪市および名古屋市の熱帯夜日数の経年変化に大きな違いはみられないが（図5-4-1），1980年以降の地球温暖化による都市の高温化によって急激に熱帯夜日数（日最低気温25.0℃以上）が増してきた（藤部，2000；安藤ほか，2004）。

気候シフト以前の東京都は，熱帯夜日数が10日前後であるが，2010年以降は約40日に達している。また，大阪市は気候シフト以前から熱帯夜日数が25日を上回る年も多くみられたが，気候シフト以降も増加傾向にあり，2010年には55日に達している(図5-4-2)。この年の夏型気圧配置の多くは全面高気圧型であったため，東京都でも55日であった。近年の大阪市は熱帯夜の平均出現日数は45日であり，関東に比較して10日多い。これは，大阪市のヒートアイランド強度が基本的に高かったためで，日中に蓄積した熱が放出されない特性をもっているからである（西村・鍋島，2006）。

これらの大都市に対して名古屋市は，1980年までの熱帯夜出現日数が5日前後であり，東京都，大阪市に比較して圧倒的に少なかった。しかし，気候シフト以降は東京都や大阪市に比較して少ないものの，急激な増加傾向を示し，現在では30日を上回る日数に達している。これは，名古屋市のヒートアイランド強度が増してきたからである（大和田，1994)。気候シフト以前の名古屋市は，夏季の最高気温出現時におけるヒートアイランド強度が2.0℃であったが，現在は4.0℃以上である。しかし，これはあくまでも平均的な値であり，気圧配置や時間帯によってさらに強まることもある（大和田ほか，2007）。

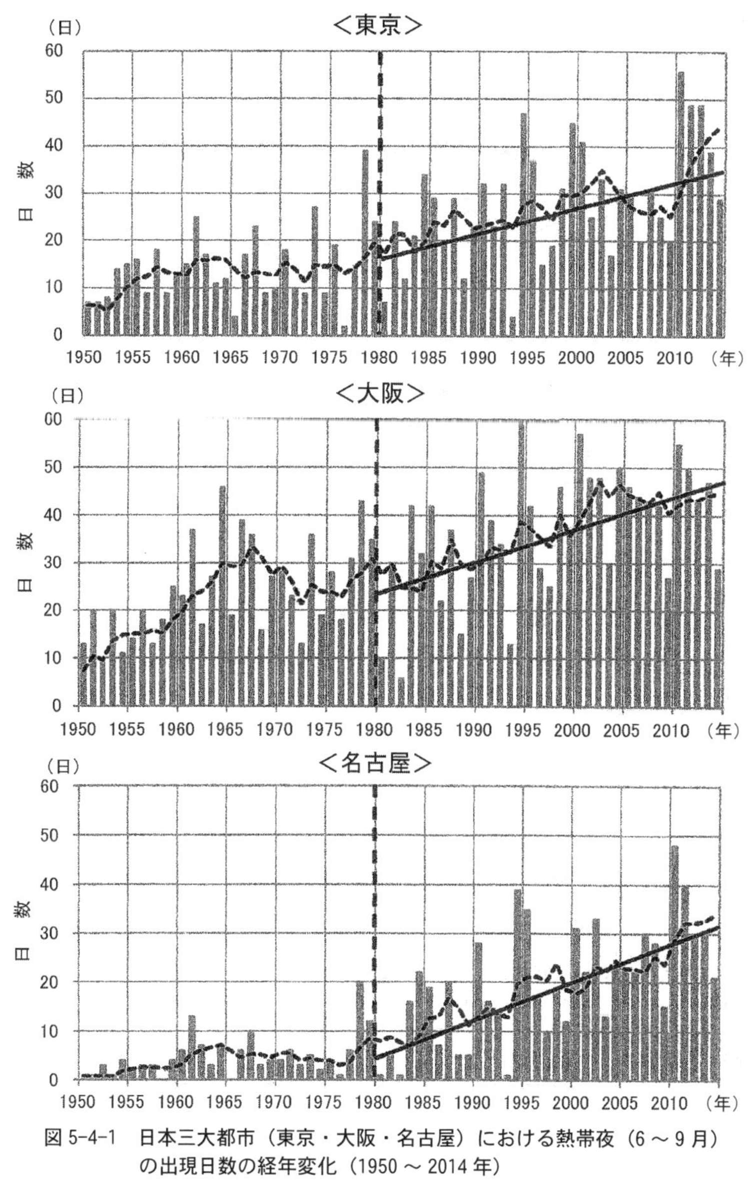

図 5-4-1　日本三大都市（東京・大阪・名古屋）における熱帯夜（6 ～ 9 月）の出現日数の経年変化（1950 ～ 2014 年）

上段が東京，中段は大阪，下段が名古屋である．破線は 5 年間の移動平均で表した．

図 5-4-2　三大都市でも熱帯夜日数が多い大阪市中央区の道頓堀川沿い（三輪撮影）

5.5　名古屋市の気圧配置型別熱帯夜分布

熱中症は，主に日中に多く発生することから，最高気温出現時の気温が取沙汰されているが（田村ほか, 1995;星ほか, 2010)，夜間の気温とも密接な関係をもっている。熱帯夜は日最低気温が 25.0℃以上と定められており，東京都や大阪市の熱帯夜と熱中症死亡数とに有意な相関が認められ，相関係数は真夏日より熱帯夜の方が高いと述べている（中井，1993)。

典型的な夏型気圧配置は，おもに全面高気圧型および南高北低型であるが，亜熱帯ジェット気流に相当する停滞前線は南北振動しており，梅雨入り，梅雨の中休み，梅雨明けおよび戻り梅雨など安定しているわけではない（倉嶋，1972；中村ほか，1986)。したがって，梅雨が明けたとはいえ，日本列島上に前線が停滞している状態での最低気温を確認してみた。

図 5-5-1 は，観測した日の地上気圧配置（2014 年 8 月 14 日）を表したものである。8 月中旬とはいえ，日本列島上には東西に延びる前線が停滞し，梅雨期の様相を呈している。これは，西日本の太平洋側には北太平洋高気圧が舌状に張り出し，ベンガル湾からの南西モンスーンが北太平洋高気圧からの南西の暖湿流と合流して前線を押し上げているものの，大陸から乾燥大気の移動性高気圧セル（細

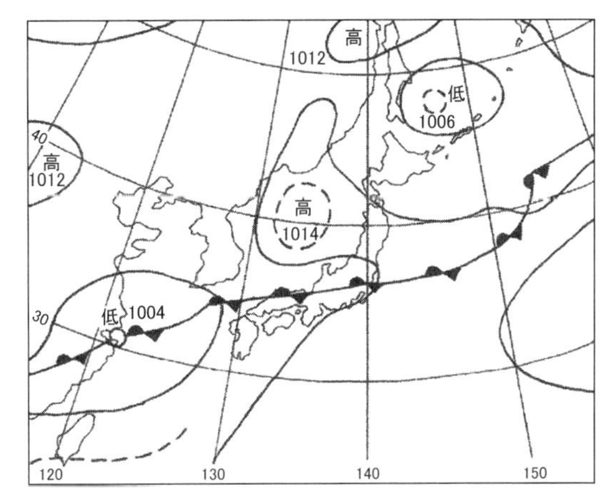

図 5-5-1　観測を実施した日（2014 年 8 月 14 日）の気圧配置
盛夏とはいえ，西日本には梅雨前線が停滞している前線型であった.

胞）が次々と通過しているためである。

この日の名古屋市域の早朝（4 時）における風の流れは，弱風とはいえ北区，西区および中村区が北西の風，港区，南区から熱田区にかけてと天白区から昭和区，千種区，および守山区の広い範囲で南東の風が吹き，中区を中心とした都心部に静穏帯が形成されている（図 5-5-2)。

したがって，地表面の土壌水分含有量が多いため，最低気温出現時においては放射冷却による熱放出が弱く，名古屋市全域が日最低気温 25.0℃以上の熱帯夜となった。とくに名古屋市中心部の静穏帯は 26.5℃以上であり（図 5-5-3)，ほぼ同心円状の分布形態をなしている（図 5-5-4)。

また，千種区は名古屋市内で最も気温が低い 25.5℃以下である。その理由については明らかではないが，名古屋市内にあって郊外地域の長久手市，日進市，東郷町，および庄内川右岸とほぼ同じであった。特徴的なことは，この停滞前線時においても名古屋市域がすべて 25.0℃以上の熱帯夜であったことである。したがって，この季節は，天候不順な状態であったとしても熱帯夜になることもあり，夜間において熱中症対策が必要であることを意味している（東，2009；井藤，2011)。

名古屋市における全面高気圧型の熱帯夜に関しての研究は，大和田ほか（2007)

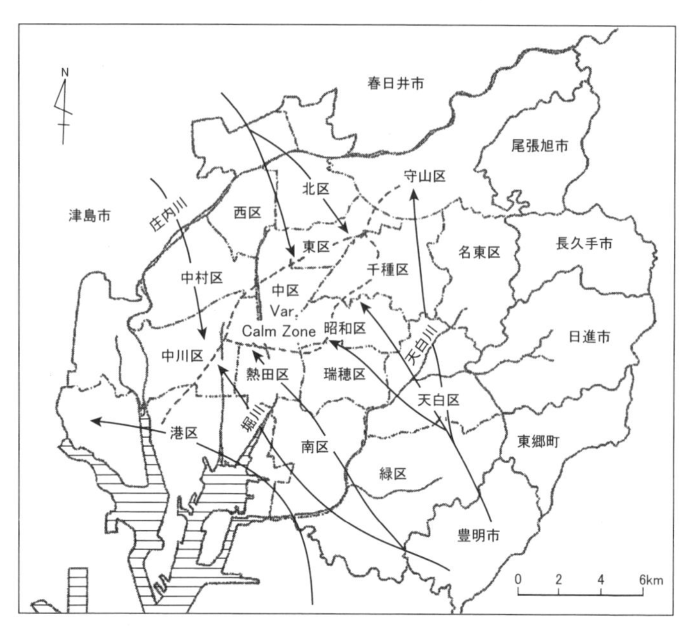

図 5-5-2　前線停滞時における早朝（2014 年 8 月 14 日 4 時）の名古屋市域の風系分布
守山区から中区，港区にかけて北東から南西に局地不連続線が形成されている．

図 5-5-3　名古屋市域で局地不連続線が形成され，静穏地域となった中区栄付近（細野撮影）

が2005年に調査を実施し,その実態を明らかにしている。この日(2005年8月3日)は，北緯 20 度，東経 125 度付近に台風が存在しているものの，梅雨前線は華中

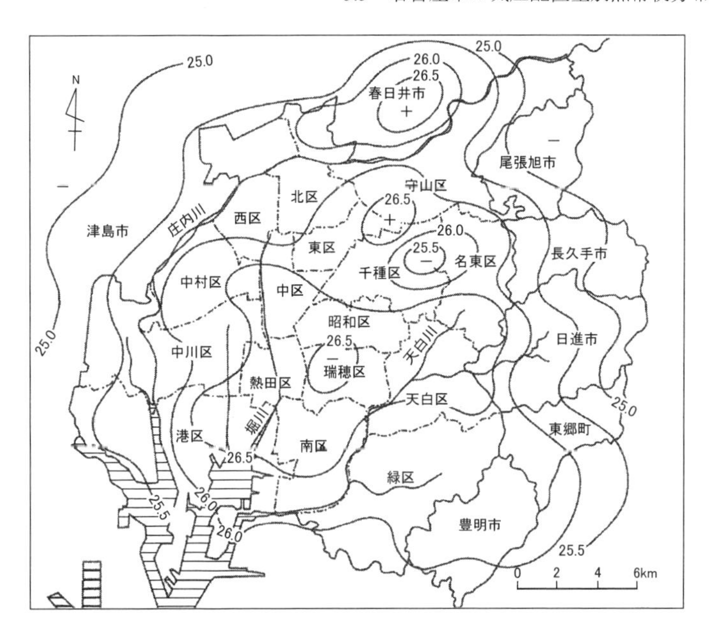

図 5-5-4　名古屋市域が熱帯夜となった早朝（2014 年 8 月 14 日 4 時）の最低気温分布（℃）
名古屋市域はほぼ 25.0℃以上であるが，春日井市，東区，瑞穂区では 26.5℃以上が現れた．

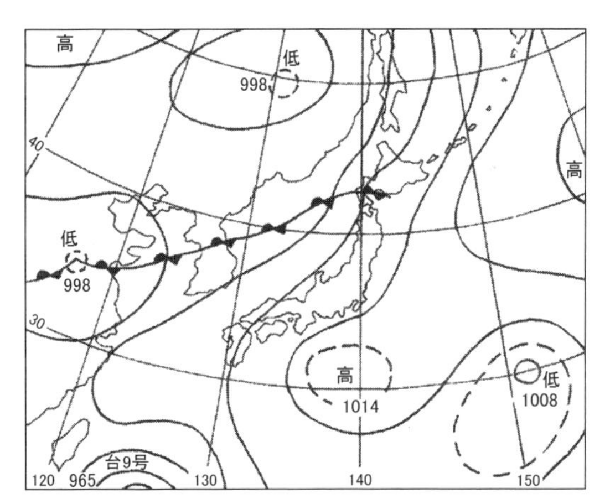

図 5-5-5　熱帯夜の観測を実施した日（2005 年 8 月 3 日）の気圧配置
北海道を除き，日本列島は北太平洋高気圧に覆われた全面高気圧型であった．

から朝鮮半島南部，日本海を通り樺太南部にかけて北上し，日本列島は全域が北太平洋高気圧に覆われた全面高気圧型であった（図 5-5-5）。

図 5-5-6　全面高気圧型時における夏季の早朝（2005 年 8 月 3 日 4 時）の名古屋市域における風系分布

中区を中心とした反時計回りの渦が確認できる.

図 5-5-6 は，全面高気圧型における名古屋市の最低気温出現時の風系分布を表したものである。全面高気圧型は，全国的な渇水による水不足となった 1994 年と同じ気圧配置型であり，名古屋市でも観測史上 2 番目の 39.8℃を記録するほどの猛暑になった夏型気圧配置である。この日の早朝（4 時）は，気圧傾度風が弱いために名古屋市北西部の西区では南西風，中村区，中川区では西から南西の風が吹いていた。これに対し，南部の南区，南東部の緑区，天白区および名古屋市東部の千種区，名東区では南東の風が吹いており，また北東部の守山区から春日井市にかけて東北東の風が吹いていて，中区から昭和区，熱田区にかけての広い範囲が風向不安定となった。これは，北区から東区に南北に連なる局地的前線の形成によって風が弱い静穏帯となったからである。

このため，中区から熱田区，および昭和区にかけての都市中心部は，地表付近は収束帯に伴う風向不安定となったが，都市中心部に上昇気流に伴う弱い反時計回りの渦が発生しているようにも思える（図 5-5-7）。したがって，全面高気圧

図 5-5-7　反時計回りの渦の中心となった名古屋市中区栄付近（細野撮影）

の夏型気圧配置では，気圧傾度風が弱いために局地的な渦が発生し，周辺部からの大気の流入が起こり，三次元的なヒートアイランドの鉛直構造をなしていたと思われる（Oke，1973，1981，1987；泉，2000）。

その結果，最低気温出現時（4 時）における名古屋市は（図 5-5-8），ほぼ全域が 28.0℃以上の熱帯夜であるが，都心部に向かうにしたがって気温が高くなる同心円状をなしている。したがって，北区から中村区，昭和区を中心とした地域では 28.5℃以上を示し，とくに中区と東区の都市中心部では 29.0℃以上であったため，日中の真夏日に近い気温の高さであった（大和田ほか，2007）。

これは，都心部の都市建物や路面など熱容量にも関係してくるが，熱の集積によって周辺地域からの風（カントリーウィンド）の流入による三次元的な対流現象が発生していたことも否めない事実である（大和田，1994）。これに対し，名古屋市東部丘陵沿いの長久手市，名東区，日進市，東郷町にかけての地域が 27.0℃以下，長久手市，日進市では 26.5℃以下で最も気温が低かった。これは，東部丘陵からの陸風によるものであろう。

これに対し，2014 年 8 月 21 日は（図 5-5-9），朝鮮半島南部に低気圧の中心があって，東北地方を通る寒冷前線が東西に張り出しているが，関東から中部日本，

図 5-5-8　名古屋市域において反時計回りの渦が確認できた早朝（2005 年 8 月 3 日 4 時 30 分）の最低気温分布（℃）

名古屋市中心部の東区，中区は 29.0℃以上，東部の名東区では 26.5℃以下であった.

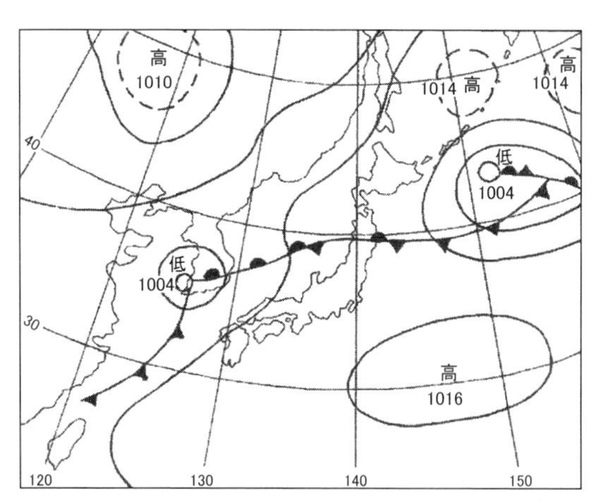

図 5-5-9　熱帯夜の観測を実施した日の気圧配置（2014 年 8 月 21 日）

南高北低の夏型気圧配置は，気候シフト以降で最も出現頻度が高くなった.

および西日本は広く北太平洋高気圧に覆われている。この気圧配置は，夏型気圧配置で最も出現頻度が高い南高北低型である（大和田，2015）。

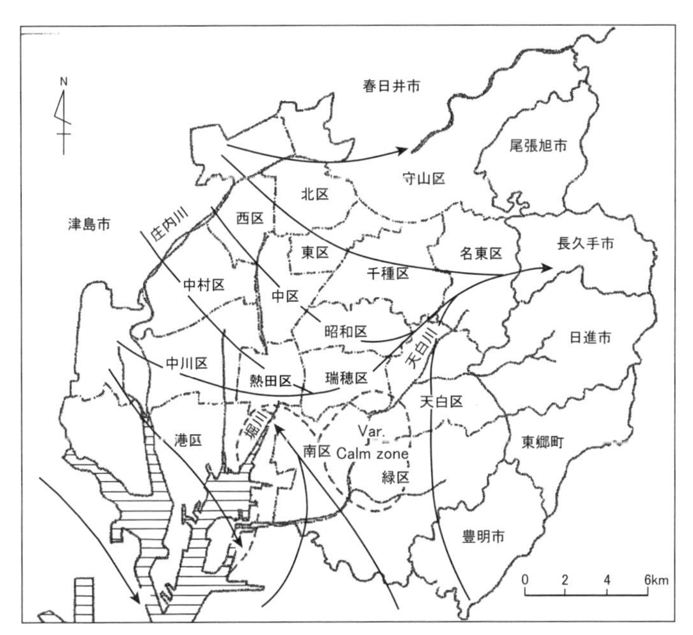

図 5-5-10　南高北低型における名古屋市域の早朝（2014 年 8 月 21 日 4 時）の風系分布
西寄りの風と南東の風が港区，南区に局地不連続線を形成し，静穏帯となっている．

南高北低型は，北日本は低気圧が頻繁に通過するが，西日本は高気圧に覆われる北冷西暑型と呼ばれる典型的な夏型気圧配置で，西日本は舌状に張り出す北太平洋高気圧の西縁に沿う南西風が吹きやすい特徴がある。したがって，南西風の吹走によって大気は乾燥する傾向があり，夜間から早朝にかけては山間部で山風，海岸部では陸風が吹きやすい。

南高北低型時における早朝の風系は（図 5-5-10），名古屋市域がほぼ北西風によって支配されているようであるが，南東部では南南東の風が吹き込んでいて，緑区から南区および港区には局地不連続線が形成され，風向不安定となって静穏帯となっている。また，名古屋市北西部からの風は，北部山地からの山風と尾張地域からの陸風の相互作用によるものであろう（大和田・石川，1987；大和田，1994）。

このため，全面高気圧型時と比較して分布形態は同心円状とはいえないが（図 5-5-11），名古屋市および北部の春日井市，庄内川右岸地域を含む広い範囲が

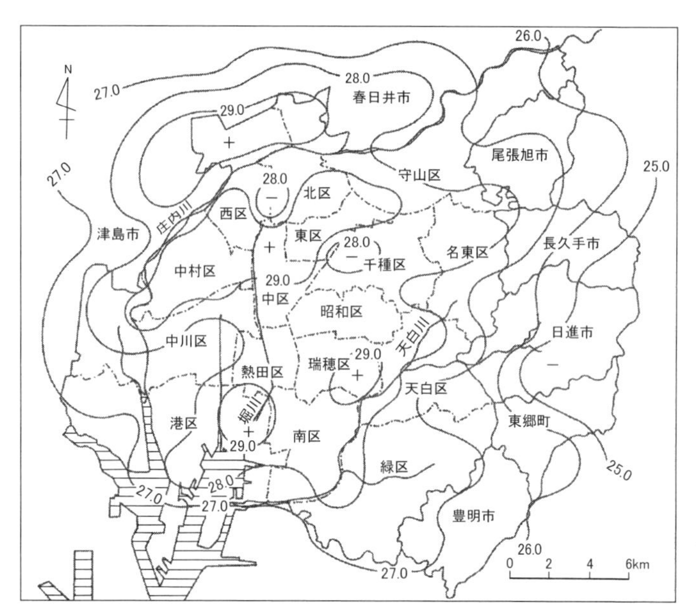

図 5-5-11　南高北低型時（2014 年 8 月 21 日 4 時）における名古屋市域の最低気温分布（℃）
名古屋市域は全域が 28.0℃を上回るが，静穏帯の形成地域では 29.0℃以上に達している．

27.0℃以上の熱帯夜であった。とくに北区北部と庄内川左岸の中村区から中区，東区，北区にかけての地域，港区の堀川沿いおよび瑞穂区では，29.0℃以上の高温域が分散して現れた。とくに瑞穂区および堀川沿いの 29.0℃以上の高温域は，局地不連続線が形成された静穏域と一致する（橋本・堀越，2002，2003）。また，日進市，長久手市，東郷町は陸風の吹走によって 25.0℃以下と低めであったが，熱帯夜であることは事実である。したがって，都心部を中心とした中区，東区，中村区のみならず，庄内川左岸の西区，港区の堀川沿いおよび瑞穂区は，夜間でも日中の真夏日（日最高気温 30.0℃以上）に近い気温であることが判明した。これらの地区では，熱中症対策には十分な注意が必要である。

（大和田道雄・神谷俊彦・細野正俊・冨田宗治・橋本寿朗・三輪　英）

Ⅵ　名古屋市の暑さと熱中症

6.1　熱中症とは何か

熱中症とは，暑熱による健康障害の総称であり，気温や湿度が高くなる暑熱環境において体内の水分や塩分などのバランスが崩れ，脳の視床下部が司る体温の調節機能が破綻する暑熱障害と定義されている（日本生気象学会編，1992)。

近年の地球温暖化による都市の高温化および熱波は，熱中症患者の増加要因となっていることは否めない事実である。わが国においても熱中症への対策，未然に防ぐための予報が大切な時代になってきた（南，2004)。熱中症の歴史は古く，明治時代から軍隊や炭鉱・鉱山・建設などの労働現場では，一般的に日射病・熱射病という言葉で呼ばれていた（杉本，1980)。したがって，熱中症はこれまで高温の環境下で労働したり運動したりすることによって多く発生していたが，現在では屋外･屋内を問わず日常生活においても発症するリスクは増大している(田村ほか，1995；中井ほか，1996；中井，2004，2007)。

これは，近年になって問題視されている地球温暖化に伴ってヒートアイランド強度が増し，人々をとりまく環境が大きく変わってきたこと（入来・安藤，1999；藤部，2005；小野，2009)，および高齢化社会となって人口構成が変化してきたこととも無関係ではない（星・稲葉，2004，2006；横山・福岡，2006；三宅・有賀，2006；三宅，2010；藤部，2010，2013；中井，2011)。

熱中症は, 1999年までは熱痙攣(heat cramps)･熱失神(heat syncope)･熱疲労(heat exhaustion)・熱射病（heat stroke)・日射病（sun stroke）などの英語疾患名の日本

表 6-1-1　熱中症を発症した場合の症状の段階分類（日本救急医学会，2015）

分　類	症　　状	重症度	治　　療	臨床症状からの分類
Ⅰ　類（応急処置と見守り）	めまい，立ちくらみ，生あくび，大量の発汗，筋肉痛，筋肉の硬直（こむら返り） 意識障害を認めない（JCS=0）		通常は現場で対応可能→冷所での安静，体表冷却，経口的に水分と Na の補給	熱けいれん 熱失神
Ⅱ　類（医療機関へ）	頭痛，嘔吐， 倦怠感，虚脱感 集中力や判断力の低下 （JCS ≦ 1）		医療機関での診療が必要→体温管理，安静，十分な水分と Na の補給 （経口摂取が困難なときには点滴にて）	熱疲労
Ⅲ　類（入院加療）	下記の 3 つのうちいずれかを含む （C）中枢神経症状（意識障害 JCS ≧ 2，小脳症状，痙攣発作） （H/K）肝・腎機能障害（入院経過観察，入院加療が必要な程度の肝または腎障害） （D）血液凝固異常（急性期 DIC 診断基準にて DIC と診断）⇒Ⅲ度の中でも重症型		入院加療（場合により集中治療）が必要 →体温管理 （体温冷却に加え体内冷却，血管内冷却などを追加） 呼吸，循環管理 DIC 治療	熱射病

（注）分類Ⅰは現場での応急処置，Ⅱは救急搬送，Ⅲは入院治療に相当する．
（出典）日本救急医学会熱中症分類 2015 より一部改変．

語訳によって分類されていた。しかし，安岡ほか（1999）は，臓器障害の有無と入院治療の必要性から，Ⅰ類（軽症）・Ⅱ類（中等症）・Ⅲ類（重症）の 3 つに分類し直した。熱中症の分類は医学の進歩とともに検討が加えられ，より適切な対処ができるように改善されている（三宅・有賀，2008；三宅，2010；日本救急医学会，2012，2014，2015）。

まずⅠ類は，旧分類の「熱痙攣」と「熱失神」が該当する（表 6-1-1）。「熱痙攣」には筋肉痛・筋肉の硬直（こむら返り），「熱失神」には立ちくらみや数秒間の失神などの症状がみられる。また，Ⅱ類に該当するのは「熱疲労」であり，頭痛・吐き気・嘔吐・倦怠感・虚脱感などの症状がみられる。時には軽い意識障害を起こす場合もあり，医療機関での速やかな受診が必要である。さらに，Ⅲ類には「熱射病」が該当し，意識障害・痙攣・手足の運動障害・内臓の機能障害などの症状がみられる。この段階になると死の危険率が高くなるため，病院への迅速な搬送，入院・集中治療が求められる（中村ほか，2009，2014）。

熱中症を引き起こす要因は，気温，湿度，風および輻射熱などの温熱環境因子であるが，性別や年齢，既往症などの個体因子も関係している（日本生気象学会編，1992；中井，1993；日本生気象学会，2008，2009，2011，2013）。気象条件が熱中症発生の環境要因となることは既成事実であるが，日最高気温が29.0℃前後から患者が出始め，32.0℃からは急激に増加する傾向があり（田村ほか，1995；入来，1995；入来・橋本，2006），さらに気温に加えて地面や建物が発する輻射熱によっても暑さが増幅され，身体がダメージを受ける場合もある（三浦，1963；三宅・有賀，2006；三宅，2013）。

また，温度変化に対応する体温調節は発汗作用によっても維持されているが，湿度が高くなると皮膚に付着した水分が発汗作用を抑制するために，体温調節が困難になりやすい（星・稲葉，2006；環境省，2014）。体温調節は有風時と無風時とで大きな違いがあり，有風時は無風時に比較して体温調節が可能となりやすい。これは，風が皮膚に付着した水分を乾燥させると同時に，気化熱が体温の上昇を抑えるからである。扇風機による風が涼しく感じるのはこのためであるが，熱を奪うだけでなく体力を消耗させているのである。したがって，未成熟な乳幼児や暑さへの反応が鈍い高齢者に対しては，扇風機およびエアコンによる体温調節には十分な注意が必要である（入来，1996；星・稲葉，2006；戎，2008；新矢ほか，2010；井藤，2011）。また，疾患がある人であればさらなる注意が求められる（奥山・西田，2012）。

6.2　わが国における熱中症患者数の変遷

図6-2-1は，国立環境研究所のデータをもとに作成した最近15年間の東京都，大阪市および名古屋市における熱中症搬送患者数の経年変化（2000～14年）を表したものである。この図から，2000年から2008年までは多少の増減はあるものの，3都市とも患者数は緩やかに増加している。しかし，2010年以降は3都市とも患者数が急激に増加し（小野，2012；気象庁，2013），2009年に比較して翌

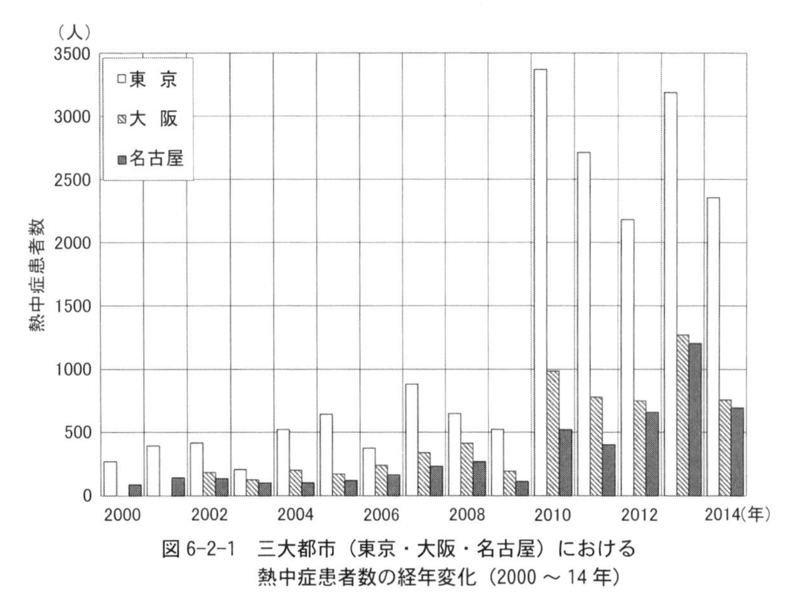

図 6-2-1　三大都市（東京・大阪・名古屋）における熱中症患者数の経年変化（2000 ～ 14 年）

2010 年から熱中症患者数が急激に増加し，人口数から東京では年間 2,000 人を上回るが，2012 年頃から大阪と名古屋の患者数が拮抗してきた．

年の 2010 年は大阪市および名古屋市が約 5 倍，東京都では 6 倍以上の 3,300 人に達している（菊池ほか，2010，2011）。

これまで，熱中症患者数が多かったのは，2007 年の 27,000 人（全国）であったが，2010 年は 56,000 人と 2 倍以上に増加した（気象庁，2013）。さらに，2013 年には高知県四万十市で日最高気温が 41.0℃を記録するなど，西日本でも最高気温の記録を各地で更新し（気象庁，2013），患者数が全国で 59,000 人に達した。この年は，東京都 23 区で 2010 年に次いで多い 3,100 人を記録したが，西日本の大阪市や名古屋市では過去最多の患者数を更新し，1,200 人を上回った。名古屋市では 7 月に 600 人に達し，8 月においても 450 人を上回った。

このような近年の熱中症患者の増加傾向をふまえ，日本生気象学会（2013）は日常生活における熱中症予防指針（Ver.2）に，新たな知見を加えて Ver.3 を公表し，熱中症に対する注意を喚起している。また，布施ほか（2014）によって気象データから熱中症搬送者数を予測する取り組みがなされた。さらに，日本救急医学会は熱中症に関する委員会で，わが国の現状および熱中症の実態報告（2014）の成

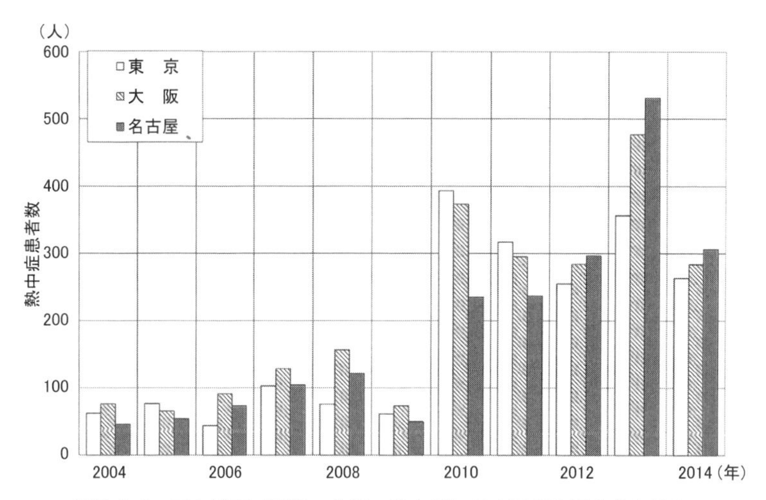

図 6-2-2　三大都市（東京・大阪・名古屋）の人口 100 万人あたりの熱中症患者数の経年変化（2004 ～ 14 年）
2012 年から名古屋の患者数が最も多くなる傾向がある.

果に基づき，熱中症診察ガイドラインを公表している（日本救急医学会，2015)。したがって，地球温暖化に伴ってヒートアイランド強度が増す中で（藤部，2007, 2009), 今後も異常猛暑によって熱中症患者が激増することが予想され（安藤ほか, 2003, 2004;南, 2004;環境省, 2014), 熱中症に対する予防対策が緊急の課題となっているのである（星・稲葉，2002；本田・高橋，2009；堀江，2009，2012；藤部, 2010，2013)。

図 6-2-2 は，国立環境研究所の資料による三大都市の人口 100 万人あたりの熱中症患者数の経年変化（2004 ～ 14 年）を表したものである。これは，熱中症患者数が各都市の人口規模によって左右されるからで，熱中症患者数を単純に比較するためのものである（星ほか，2007，2010)。

その結果，2006 年から 2008 年までの人口数に対する熱中症患者数の割合は，大阪市，名古屋市，東京都の順で多かったが，全国的に猛暑となった 2010 年は，東京都が大阪市および名古屋市を上回った（菊池ほか，2010，2011；小野, 2012；気象庁，2013)。しかし，2012 年以降になると，名古屋市における熱中症患者数の増加率は，他の大都市を上回る傾向がみられるようになった。とくに

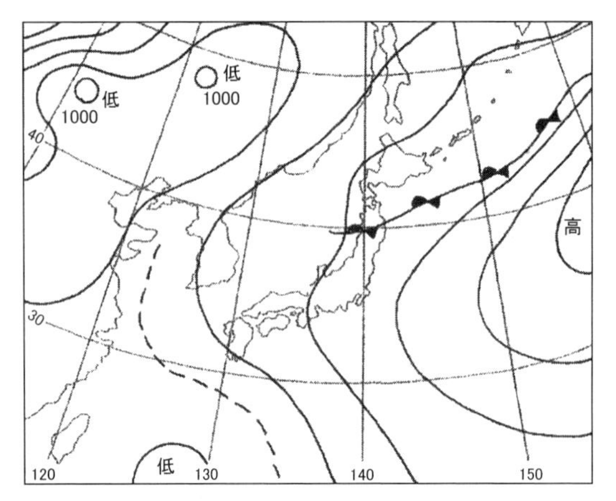

図 6-2-3　三大都市（東京・大阪・名古屋）で東京，大阪の熱中症患者数が多かった年の代表的な気圧配置（2010 年 8 月 4 日）
日本列島が北太平洋高気圧に覆われた全面高気圧型である.

2013 年は，名古屋市が東京都と大阪市を大幅に上回っている。

これは，2010 年の夏型気圧配置が全面高気圧型であり，全国的な猛暑になったのに対し（図 6-2-3），2013 年は上空の南アジア高気圧が東に迫り出し（大和田・畔柳，2004；大和田ほか，2006），北太平洋高気圧の西日本への張り出しによって南高北低型となり（図 6-2-4），西日本が東日本に比較して猛暑になったためである（気象庁，2013）。

以上の事実から，三大都市の熱中症患者の増加率は必ずしも同じではなく，その年の夏型気圧配置によって異なることが判明した。すなわち，各都市が人口比率によって同じ増加率を示すのは全面高気圧型であり，東高西低型では東京都，南高北低型では名古屋市の熱中症患者が増加すると考えられる（藤部，1998，2004；気象庁，2013）。

したがって，猛暑となる地理的位置の差は，近年におけるエルニーニョやラニーニャの動向を踏まえ（吉野，1997；山川，2001，2003；吉野・福岡編，大和田，2003），亜熱帯高圧帯領域の変動に伴う亜熱帯ジェット気流の東アジアにおける緯度的・経度的位置に着目する必要があろう（大和田ほか，2001；大和田・井上，2002）。今後は，熱中症患者数の各地域での違いを総観気候学的な見地から比較

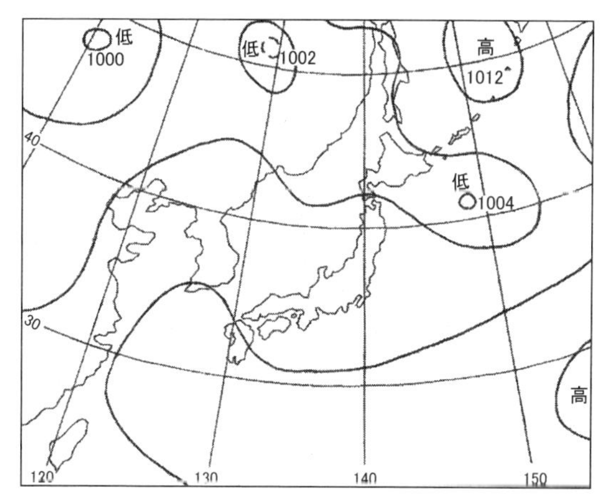

図 6-2-4　三大都市（東京・大阪・名古屋）で名古屋の熱中症患者数が多かった年の代表的な気圧配置（2013 年 8 月 11 日）
南高北低型であるが，鯨の尾型の気圧配置であった．

することが求められる（中井，1993；大和田，2006）。

6.3　夏型気圧配置と名古屋市の熱中症患者との関係

年間に現れる気圧配置は大きく分けて 6 型に分類されるが（吉野・甲斐，1977），夏型気圧配置も日本列島全域が北太平洋高気圧に覆われる全面高気圧型，西日本が覆われる南高北低型，太平洋高気圧が日本列島の太平洋側に南北に張り出す東高西低型，およびオホーツク海に中心をもつ冷涼なオホーツク海高気圧型の 4 型に細分類できる（大和田，1994）。さらに，夏型気圧配置はこれらの 4 型に加え，梅雨明けが遅かった場合の梅雨前線型を加えると 5 分類となり，その夏の気圧配置の出現頻度が夏の暑さを決定することになる。

例えば，1994 年は全面高気圧型が持続して全国的な異常猛暑となり，ダムが枯渇して水不足となって生活用水の確保に影響を及ぼしたが（大和田・石川，2005；大和田，2006），その前年の 1993 年はオホーツク海高気圧の勢力が強かったために全国的に冷夏となり（山川，1994），米の出荷量の減少から備蓄米が足りず，輸入米に頼らざるを得なかった（吉野・福岡編，山川，2003）。

表 6-3-1　2009 年と 2013 年における夏型気圧配置の出現頻度（%）

		南高北低型	全面高気圧型	東高西低型	オホーツク海型	前線型
2009 年	7 月	38.7	9.7	6.5	0	41.9
	8 月	0	22.6	3.2	12.9	0
2013 年	7 月	58.1	9.7	19.4	9.7	0
	8 月	51.6	16.1	12.9	0	16.1

2009 年は全国的に熱中症患者数が少なかったが，2013 年は近年で最も多かった年である．

過去 10 年間で最も熱中症患者が少なかったのは，2009 年である。2009 年は東京都，大阪市および名古屋市の三大都市における人口 100 万人あたりの熱中症患者数が，いずれの都市においても 80 人を下回った。これは，2009 年の 7 月前半は梅雨前線による前線型が 42%を占め，さらに 8 月は典型的な夏型気圧配置の出現率がわずか 20%を上回る程度であったからである（表 6-3-1）。

これに対し，2013 年は突出して熱中症患者が多かった年である。2013 年は人口 100 万人あたりの熱中症患者数が，東京都では約 350 人，大阪市が約 480 人であったのに対し，名古屋市は 500 人を上回った（日本生気象学会，2013）。これは，2013 年の夏季（7・8 月）には南高北低型の気圧配置が 7 月は 58%，8 月は 51%を占めたからである。さらに，8 月は南高北低型に全面高気圧型も加わり，典型的な夏型気圧配置が約 70%であった。これが名古屋市において熱中症患者が例年になく多かった理由であろう。

これは，近年の地球温暖化によって上空の南アジア高気圧の勢力が増し，その北を流れる亜熱帯ジェット気流の東アジアでの北東シフト化によって，北太平洋高気圧の西への張り出しが容易になってきたからである（大和田・石川，2005；木本，2005；大和田，2006；大和田ほか，2006)。南高北低型の気圧配置になると，東海地方は猛暑になりやすい。とくに北太平洋高気圧が朝鮮半島まで大きく張り出す鯨の尾型は，西日本を中心に猛烈な暑さをもたらすことで知られている（気象庁，2013；大和田，2015)。すなわち，舌状に張り出す北太平洋高気圧の縁に沿って流れる南西の風が鈴鹿山脈を越え（図 6-3-1)，フェーン現象による乾燥断熱効果によって，風下側の伊勢湾岸地域に猛暑をもたらしたからである（大和田，2006)。このため，名古屋市は人口規模の大きな東京都の熱中症搬送者を

図 6-3-1　南高北低の気圧配置時において
南西のフェーンが吹き下りる原因となる鈴鹿山脈（橋本撮影）
南高北低型でも鯨の尾型では北西のフェーンとなり，
東海地方ではさらに高温になりやすい特徴がある．

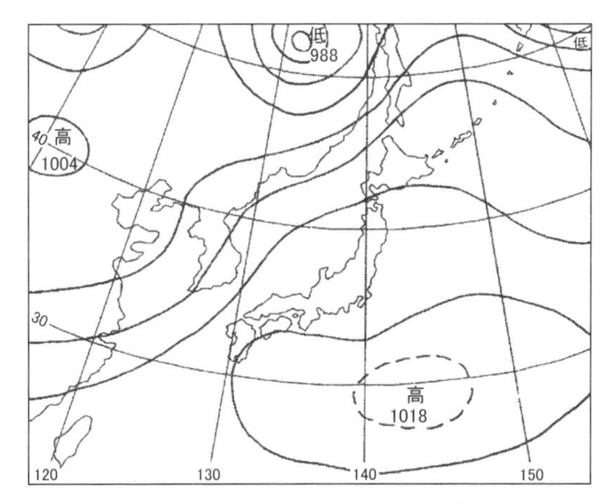

図 6-3-2　名古屋市で熱中症患者が多発した日（2013 年 7 月 8 日）の気圧配置
東海地方は全面高気圧型に加え，西日本に張り出す高気圧セルがあって，
南西風が鈴鹿山脈を越えてフェーン現象の影響を受けていた．

人口 100 万人換算では上回る結果となった。

以上のことから，熱中症患者の発生率は夏型気圧配置の出現頻度と密接な関係があり，南高北低型や全面高気圧型の典型的な夏型気圧配置の増加が，熱中症を誘発する原因にもなっていると考えられる。とくに南高北低型は，東海地方に異常高温をもたらす気圧配置であることは間違いない（大和田，2015）。

図 6-3-2 は，熱中症患者数が最も多かった 2013 年 7 月 8 日の気圧配置を表し

たものである。樺太の西に低気圧があるものの，日本列島は北太平洋から西に張り出す高気圧に覆われ，全面高気圧型に近い状態であったが，日本列島の南の海上に中心をもつ高気圧セル（細胞）が北緯30度，東経145度付近にあって，西日本は南西寄りの風が吹いていた。このため，北北海道を除く全域が猛暑となり，とくに東海地方では紀伊山地から吹き下りる南西寄りの風が，フェーン現象の影響を受けて高温となり，名古屋市でも最高気温が36.0℃を上回る猛暑となった。

このため，7月上旬にもかかわらず，全国の熱中症搬送者数が1週間で2,594人に達し，愛知県は全国最多の249人を記録した（中日新聞2013年7月8日）。この年は，この気圧配置が13日まで継続して現れ，名古屋市では37.0℃を超え

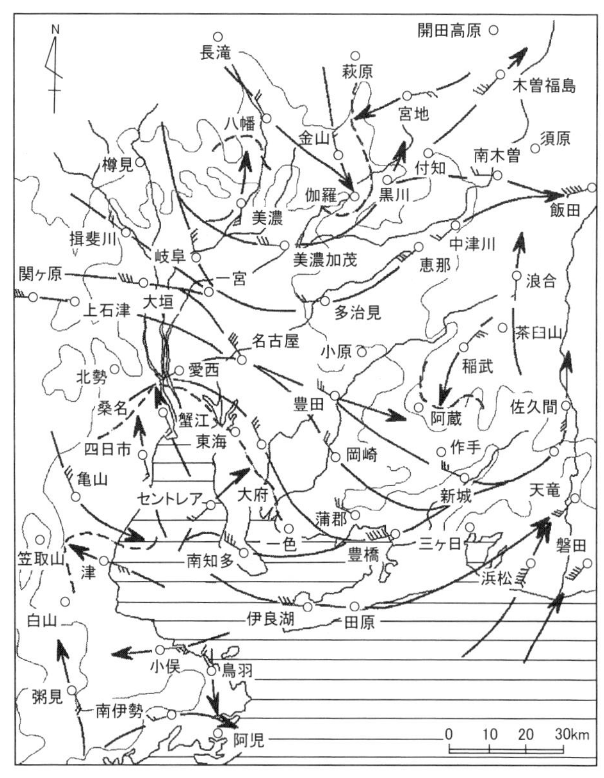

図6-3-3　名古屋市で熱中症患者が多発する伊勢湾岸地域の風系分布（2013年7月9日14時）
名古屋市南部では，西寄りのフェーンを伴った風と伊勢湾から吹き込む海風との間に局地不連続線が形成されている．

る猛暑日が相次いだ。

伊勢湾岸地域の風の流れは（図 6-3-3），鈴鹿山脈の風陰にあたる伊勢湾奥では南寄りの内海海風の進入がみられるものの，伊勢湾岸地域はほぼ西寄りの風によって支配されている。また，関ヶ原より北側では北西～西北西の風，関ヶ原からは西寄りの風が吹き出し，一宮市付近で収束して木曽川上流に向かって吹き込んでいる。さらに伊勢湾に沿う桑名市から蟹江町，東海市および名古屋市では，関ヶ原からの西寄りの風と鈴鹿山脈からの南西風との間に局地不連続線が形成され，大気の鉛直循環が盛んであったことが読み取れる（大和田，1994）。とくに名古屋市西部の中川区は，風上側の伊吹山（1,377m）および鈴鹿山脈（御在所岳 1,210m）からのフェーン現象を受ける地域であることがわかる。

6.4 名古屋市における熱中症患者数と最高・最低気温

熱中症患者の発生は，日最高気温や熱帯夜（日最低気温 25.0℃以上），WBGT および不快指数などの気象条件とも密接な関係がある（環境省，2014）。田村ほか（1995）は，気温と日平均搬送者数との関係から，日平均気温が 24.0℃に達すると熱中症が発生しやすくなり，日最高気温が 27.0℃以上では熱中症患者が急増することを突き止めた。入来・橋本（2006）は，山梨県を例にした調査から，急激に気温が上昇した猛暑日に熱中症患者数が増加するが，厳しい暑さが持続した場合には熱中症患者数が減少する傾向がみられ，日最高気温が 33.0 ～ 36.0℃に達すると増加率が高まると述べている。

また，日本救急医学会（2008）の研究では，熱中症の発生率が高くなるのは，梅雨明け直後の 7 月中旬および盛夏の 8 月上旬であり，とくに 8 月上旬の発生数が最も多くなったことを報告している。熱中症は気象条件と密接な関係にあることが知られているが（三浦，1963，1985；三浦・斉藤，1963；中井，1993），わが国における熱中症患者の発生数は，夏季の気温上昇に伴う正規分布ではなく，ある期間の一定の周期で多発する傾向がある（日本救急医学会，2008）。2010 年は記録的な暑さとなり，熱中症患者が例年になく多く発生した（小野，2012；日

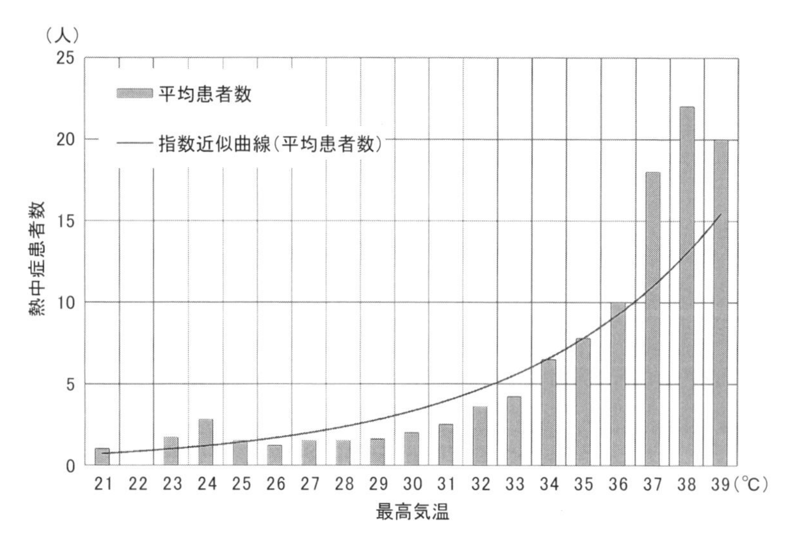

図 6-4-1　名古屋市における日最高気温（℃）と熱中症患者数（2000 ～ 14 年平均）との関係
猛暑日（日最高気温 35.0℃以上）を過ぎたあたりから急激に熱中症患者数が増加する．

本救急医学会，2012)。とくに第 1 周期の梅雨明け時期は，年間を通じて最も熱中症患者数が多かった。次いで多かった第 2 周期は 8 月上旬であり，8 月中旬以降にも第 3 周期が認められた（気象庁，2013)。

このように，年によって違いはあるものの，第 1 周期の 7 月中旬に熱中症患者数が多いのは，梅雨明け直後で暑さに慣れていないことが原因のようである（中井ほか，1996，2004)。これは，梅雨明けの季節の梅雨前線の北上に伴って北太平洋高気圧の勢力が増し，気温および相対湿度も高くなりやすいからである（吉野・福岡，1967；吉野・甲斐，1977；三上，1974)。したがって，梅雨明け直後に熱中症患者が多いのは，急激な暑さへの肉体的・精神的順応ができないことが原因と考えられる（大橋ほか，2009；小野，2012)。しかし，第 2 周期の 8 月上旬は暑熱順化によって患者数が 7 月を上回ることは少ない。また，8 月中旬以降の第 3 周期は，暑さの累積効果によって患者数が増加するものと思われる（中井ほか，2007；日本救急医学会編，2011)。

図 6-4-1 は，名古屋市における日最高気温と平均熱中症患者数との関係（2000 ～ 14 年）を表したものである。その結果，夏日（日最高気温 25.0℃以上）およ

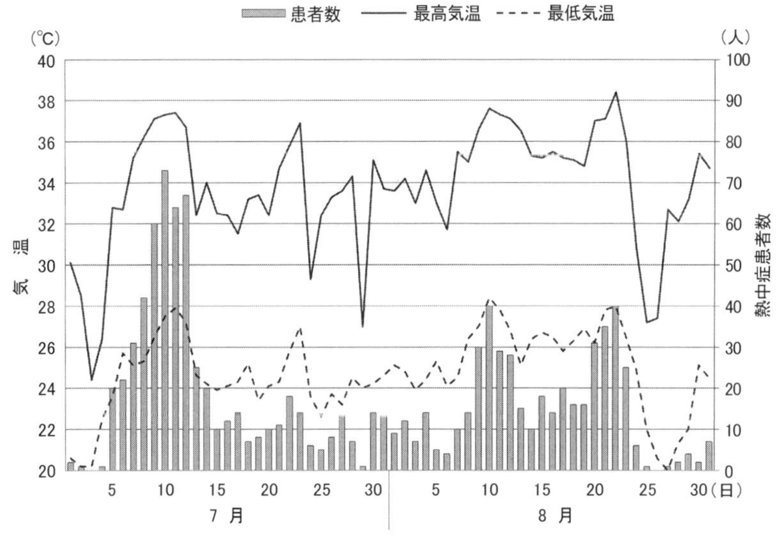

図 6-4-2　名古屋市において夏季前半に熱中症が多発する年の気温と熱中症患者数の変化（2013 年 7・8 月）

棒グラフは熱中症患者数，折れ線グラフの実線は最高気温，破線は最低気温である．

び真夏日（日最高気温 30.0℃以上）までの熱中症患者数は数人程度であるが，猛暑日（日最高気温 35.0℃以上）になると 4 倍に増え，日最高気温が 37.0℃以上では 20 人前後となる。したがって，日最高気温と熱中症患者数は，「正」の 2 次相関が成り立ち，相関係数も 0.818 である（星ほか，2010；藤部，2013；環境省，2014)。すなわち，日最高気温が 35.0℃を上回ると熱中症患者数が指数関数的に増加することが予想され，熱中症に対する厳重な注意と対策が必要である。

とくに 2013 年は，名古屋市において 2010 年を上回る熱中症患者が発生した年である（図 6-4-2)。この年は，7 月上旬から中旬にかけての期間に熱中症患者が多く，7 月の 10 日前後は 1 日の患者数が 70 人を上回った。その後は，熱中症患者数が減少傾向を示したものの，8 月上旬から中旬にかけての盛夏には再び猛暑日となり，熱中症患者が 40 人に達した。しかし，7 月上旬の患者数を上回ることはない。

その原因は，この期間の日最高気温が 35.0℃以上の猛暑日であったことによるもので，この時期の急激な気温上昇が熱中症患者を急増させたものと思われる（三

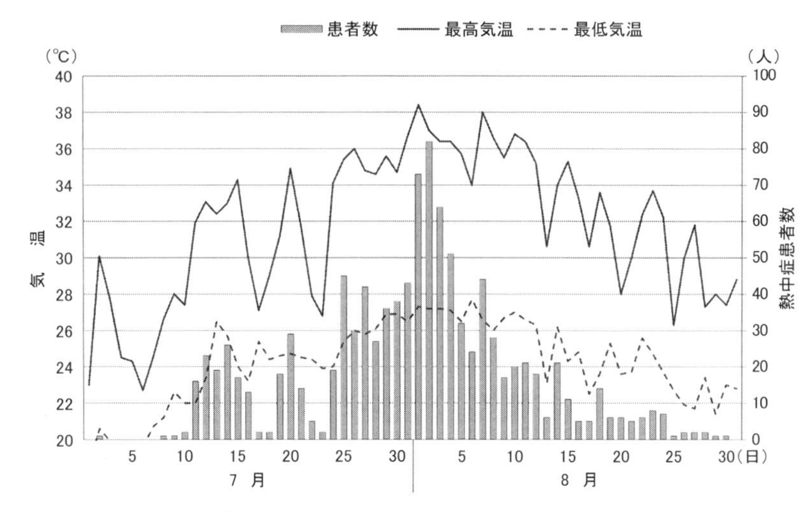

図 6-4-3　名古屋市において盛夏時に熱中症が多発する年の気温と熱中症患者数の変化（2015 年 7・8 月）

棒グラフは熱中症患者数，折れ線グラフの実線は最高気温，破線は最低気温である．

浦，1963，1985；三浦・斉藤，1963；日本生気象学会編，1992；日本救急医学会編，2011)。とくに猛暑日が連続した場合には，夜間から早朝にかけての受熱量が放熱量を上回り，地中に熱が蓄積されて熱帯夜が多くなる。したがって，日最高気温が高い日は日最低気温も高くなる傾向があり，熱帯夜が持続する気圧配置では，熱中症患者が多発する傾向がみられる。これらのことから，熱中症患者数と日最高気温が 35.0℃を超える猛暑日，および日最低気温が 25.0℃以上の熱帯夜とは高い相関があり，気温が予防的な指標となると考えられる（入来，1995；日下・木村，2004；本田・高橋，2009；中村ほか，2014)。

これに対し，2015 年には 8 月の上旬に熱中症患者が多かった（図 6-4-3)。この年は，梅雨が明けた 7 月 20 日の熱中症患者数が 29 人，25 日には 45 人に達したが，名古屋市の熱中症による搬送者が最も多かったのは 8 月 2 日であり 80 人を上回った。熱中症患者数は，猛暑日となる日最高気温が 35.0℃以上になると増加数が大きく変化する傾向にある。7 月 25 日の名古屋市における最高気温は 35.0℃を上回り，さらに 7 月 31 日から 8 月 11 日にかけての期間はほぼ 36.0℃以上となった。とくに 8 月 1 日には日最高気温 38.4℃，および 2 日には 37.0℃を記録した。

その結果，この両日だけで熱中症患者数は 154 人に達した。これは，この期間の気圧配置が南高北低型だったからである。このため，2015 年 7 月 25 日から 8 月 12 日にかけて熱帯夜が持続し，とくに 8 月上旬は日最低気温が 27.0℃を上回る日が多く出現した。この日中の 37.0℃を上回る猛暑に加え，27.0℃以上の熱帯夜が持続した状況は，熱中症患者が多発した 2013 年の 7 月 10 ～ 12 日および 8 月 10 ～ 12 日，20 ～ 22 日の気象条件と酷似している。これは，35.0℃以上の猛暑日が持続したためであり，暑熱順化できていない梅雨明け直後の熱中症患者とは異なり，暑さの累積による体調悪化が原因と思われる（藤部，2004；東，2009；新矢ほか，2010）。

6.5　名古屋市の熱中症患者と温熱因子となるWBGT

熱中症の原因については，これまで温熱環境の因子として気温を中心に検討されてきたが（三浦，1985；藤部，2010; 井幕・堀越，2011；三宅，2011，2012，2013），輻射熱を組み入れた暑さの指数である WBGT（湿球黒球温度）も用いられるようになってきた（大橋ほか，2009；大橋，2010；小野，2012，2014）。これは，日常生活や教育現場における屋外での体育，および部活動などの運動のみならず（川原，2002；黒川ほか，2002；中井ほか，2007；中井，2011），労働現場でも利用されている（日本体育協会，1994；独立行政法人日本スポーツ振興センター，2003；日本体育協会，2006；環境省，2008）。一般的に WBGT は次の式で求められる。

(6-5-1)

WBGT（屋外）= 0.7 ×湿球温度＋ 0.2× 黒球温度 * ＋ 0.1× 乾球温度　(6-5-2)

WBGT（屋内）= 0.7 ×湿球温度＋ 0.3× 黒球温度 *

この中で，黒球温度 * とは黒球の中心温度で周囲環境から輻射熱の影響を測定した値であり，日本生気象学会（2008）では WBGT を温度指標基準に採用し，

表 6-5-1　熱中症予防指針としての WBGT 基準（日本生気象学会，2008）

温度基準 WBGT	注意すべき生活活動の目安	注　意　事　項
危険 31℃以上	すべての生活活動で起こる危険性	高齢者においては安静状態でも発生する危険性が大きい．外出はなるべく避け，涼しい室内に移動する．
厳重警戒 28～31℃		外出時は炎天下を避け，室内では室温の上昇に注意する．
警戒 25～28℃	中等以上の生活活動で起こる危険性	運動や激しい作業をする際は，定期的に十分に休息を取り入れる．
注意 25℃未満	強い生活活動で起こる危険性	一般に危険性は少ないが，激しい運動や重労働時には発生する危険性がある．

（注）WBGT の 28.0℃以上は厳重警戒，31.0℃以上になると活動停止である．

その温度指標を「危険」「厳重警戒」「警戒」「注意」の 4 段階の「温度基準域」に分類した（表 6-5-1）。

その結果，WBGT における分類の 31.0℃以上の危険域では，外出をなるべく避けるように心がける（星・稲葉，2004）。とくに高齢者の場合には，28.0℃以上の厳重警戒域での外出を避け，室温の上昇に注意することが必要である（星ほか，2007；藤部，2007）。しかし，作業現場や教育現場では，身体活動上での警戒や注意の領域を明確に示し，活動の目安となる 28.0℃以下であったとしても，定期的に休息をとるように明記されている（黒川ほか，2002）。

また，厚生労働省（2005）の労働基準局では労働現場で働く人々に対し，「熱中症の予防対策における WBGT の活用」という指針を発表している（表 6-5-2）。この指針では，0～4 の 5 段階の基準値を設定し，区分ごとに軽作業からきわめて激しい作業活動までの例を明記している（黒川ほか，2002）。さらに，毎日の作業で熱に順化した人とそうでない人に大別し，気流の感知の有無をも考慮した区分を設けている。

小中学校や高等学校などの教育現場でも，熱中症の発生を未然に防止するため，日本体育協会が作成した温度基準による熱中症予防の指針（表 6-5-3）を活用している（井上，2004；大橋，2010）。指針では，原則運動中止からほぼ安全までの領域ごとに日常生活で運動に親しむ人，および教育現場を対象にした運動の強度や休息・水分補給の必要性などを 5 段階で示している（日本体育協会，2006）。

基本的には，気温 35.0℃以上で WBGT が 31.0℃を上回った場合には，運動は

表 6-5-2　屋外労働者に対するWBGTの熱中症予防基準（厚生労働省，2005）
屋外労働では，風との関係から 2 段階に分類され，無風時の WBGT33.0℃は作業を行わず，安静が求められている[*1].

WBGT 基準値（℃）[*2]				代謝率区分	例
熱に順化している人		熱に順化していない人[*3]			
気流を感じない時	気流を感じる時	気流を感じない時	気流を感じる時		
33		32		0（安静）	安静
30		29		1（低代謝率）軽作業	楽な座位，軽い手作業（書く，タイピング，描く，縫う，簿記），手および腕の作業（小さいベンチツール，点検，組立てや軽い材料の区分け），腕と脚の作業（普通の状態での乗り物の運転，足のスイッチやペダルの操作，立体，ドリル（小さい部分），フライス盤（小さい部分），コイル巻き，小さい電気子巻き，小さい力の道具の機械，ちょっとした歩き（時速 3.5km/h）
28		26		2（中程度代謝率）中程度の作業	継続した頭と腕の作業（くぎ打ち，盛土），腕と脚の作業（トラックのオフロード操縦，トラクターおよび建設車輌），腕と胴体の作業（空気ハンマーの作業，トラクターの組立て，しっくい塗り，中くらいの重さの材料を断続的にもつ作業，草むしり，草掘り，果物や野菜を摘む），軽量な荷車や手押し車を押したり引いたりする，3.5 ～ 5.5km/h の速さで歩く，追突.
25	26	22	23	3（高代謝率）激しい作業	強度の腕と胴体の作業，重い材料を運ぶ，シャベルを使う，大ハンマー作業，のこぎりをひく，硬い木にかんなをかけたり，のみで彫る，草刈り，掘る，5.5 ～ 7.5km/h の速さで歩く，重い荷物の荷車や手押し車を押したり引いたりする，鋳物を削る，コンクリートブロックを積む.
23	25	18	20	4（極高代謝率）極めて激しい作業	最大速度の速さでとても激しい活動，斧を振るう，激しくシャベルを使ったり掘ったりする，階段を登る，走る，7km/h より早く歩く.

(*1) 厚生労働省労働基準局安全衛生部長通達「熱中症の予防対策における WBGT の活用」から引用.
(*2) 基準値が限界を超えた場合，適切な方法によって熱によるストレスを軽減する必要がある.
(*3) 順化していない人とは，作業する前の週に毎日熱に晒されていない人をいう.

禁止である。また，気温が 35.0℃以下であったとしても WBGT は 30.0℃に近く，熱中症の危険性が高いことを認識する必要がある。さらに，WBGT28.0℃以上になると，体温の上昇や体に現れる熱中症の兆候等に注意する必要があり，安全領

表 6-5-3　屋外運動に対するWBGTの熱中症予防基準（日本体育協会，2006）

気　温	WBGT温度	熱中症予防のための運動指針	
35℃以上	31℃以上	運動は原則中止	WBGT31℃以上では，皮膚温より気温の方が高くなり，体から熱を逃がすことができない．特別の場合以外は運動を中止する．
31～35℃	28～31℃	厳重警戒（激しい運動は中止）	WBGT28℃以上では，熱中症の危険が高いので，激しい運動や持久走など体温が上昇しやすい運動は避ける．運動する場合には，積極的に休息をとり水分補給を行う．体力の低いもの，暑さに慣れていないものは運動中止．
28～31℃	25～28℃	警戒（積極的に休息）	WBGT25℃以上では，熱中症の危険が増すので，積極的に休息をとり水分補給をする．激しい運動では，30分おきくらいに休息をとる．
24～28℃	21～25℃	注意（積極的に水分補給）	WBGT21℃以上では，熱中症による死亡事故が発生する可能性がある．熱中症の兆候に注意するとともに，運動の合間に積極的に水を飲むようにする．
24℃まで	21℃まで	ほぼ安全（適宜水分補給）	WBGT21℃以下では，通常は熱中症の危険は小さいが，適宜水分の補給は必要である．市民マラソンなどではこの条件でも熱中症が発生するので注意．

（注）屋外運動は水分の補給，休息が不可欠であり，WBGT28.0℃以上では激しい運動に厳重警戒，WBGT31.0℃は猛暑日（日最高気温35.0℃以上）に相当することから，運動中止が原則である．
（出典）日本体育協会（2006）熱中症予防のための運動指針より．

域でも適宜な水分補給を心がけなければならない。したがって，近年の猛暑日日数の増加を考慮した場合，学校教育現場での熱中症に対する速やかな対応が迫られることになる。（北堂ほか，2004；入来・橋本，2006；奥山・村上，2007；日本救急医学会，2008；奥山・西田，2012）。

図 6-5-1 は，最近 8 年間（2007～14 年）の名古屋市における 6 月から 9 月の旬別の平均熱中症患者数と，平均 WBGT 値との関係を表したものである（名古屋市消防局，2015）。

名古屋市の平均熱中症患者は 7 月の上旬から増え始め，WBGT が 29.0℃に達する梅雨明け時期の 7 月中旬には 70 人，7 月下旬には 90 人に達してピークを迎える。その後，8 月上旬に 60 人まで減少するが，この時の平均 WBGT は 30.0℃を上回る。平均 WBGT の上昇に伴い，8 月中旬には平均熱中症患者が再び 70 人に増えるが，その後は徐々に減少する傾向を示す。

したがって，平均 WBGT 値は 6 月上旬から 8 月中旬にかけて緩やかに上昇し，

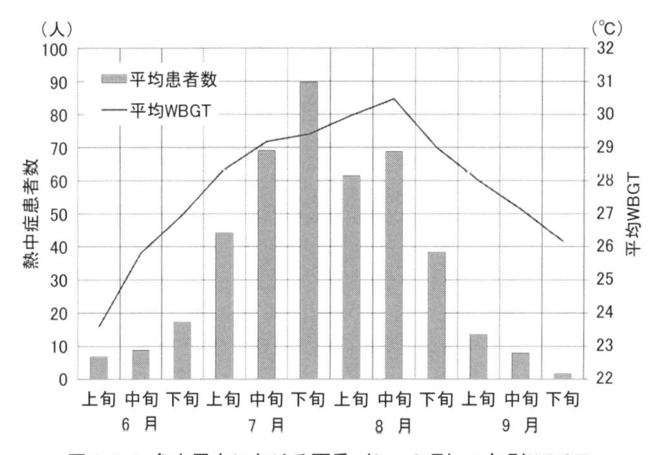

図 6-5-1 名古屋市における夏季（6 ～ 9 月）の旬別WBGT と熱中症患者数（2007 ～ 14 年平均）（名古屋市消防局）
熱中症患者数のピークは 7 月下旬であるが，WBGT のピークは 8 月中旬である．

7 月上旬に厳重警戒の 28.0℃以上になり（日本生気象学会，2009），7 月中旬から 7 月下旬にかけての平均 WBGT 値は 29.0℃を超えて平均熱中症患者数も急増する。さらに，8 月中旬には WBGT が 30.0℃を超えてピークを迎えるが，平均熱中症患者数が 7 月下旬を上回ることはない。これは，梅雨直後は湿度が高く気温が急激に上昇するためで（吉野・甲斐，1975，1977），人間の身体が暑さに順応できないためであろうと考えられる（大橋ほか，2011；小野，2012）。

また，8 月上旬から中旬にかけて平均 WBGT はさらに上昇するが，平均熱中症患者数が 70 人以下なのは，人間の身体が暑さに慣れてくるからであろう（大橋，2010；芳田，2015）。

（細野正俊・三輪　英・冨田宗治）

Ⅶ　名古屋市における熱中症患者の特徴

7.1　名古屋市の年齢別熱中症患者数

都市の熱中症の発生状況については，星ほか（2007）によって東京都と千葉市における熱中症発生の特徴が報告されている。その中で，年齢別の発生状況ではいずれの都市でも 5 ～ 19 歳，および 65 歳以上の 2 つのピークがあることが明らかにされている。これは子どもや高齢者といった年齢のみならず，スポーツ環境，労働環境および生活環境によっても熱中症発生の特徴に違いがみられるからである（三浦・斉藤，1963；三浦，1985；入来，1995，1996；川原，2002；井上，2004；星・稲葉，2006；梶井ほか，2006；戎，2008；井藤，2011；堀江，2012）。

名古屋市における熱中症患者数の割合の経年変化から年齢層別に比較すると（図 7-1-1），熱中症患者の発生率は，2005 年には 19 ～ 39 歳と 65 歳以上の年齢層がそれぞれ約 30%を占めていた（星・稲葉，2002）。次いで多かったのは，7 ～ 18 歳および 40 ～ 64 歳でいずれも約 20%であった。その後は，40 ～ 64 歳の年齢層については大きな変化はみられないものの，65 歳以上の高齢者が占める患者の割合は次第に増加し，2013 年には 50%以上になった。しかし，7 歳から 39 歳の年齢層については，相対的にみて減少傾向が続き，患者数の割合は 2005 年に比較すると 2014 年にはほぼ半減している（新矢ほか，2010）。

65 歳以上の高齢者の割合が増加しているのは，全人口に占める高齢者の割合が高くなっていることに加え，暑熱環境への肉体的な順応と精神的な対応の遅れが挙げられる（戒，2008；東，2009）。とくに高齢者は，過去の生活体験に基づ

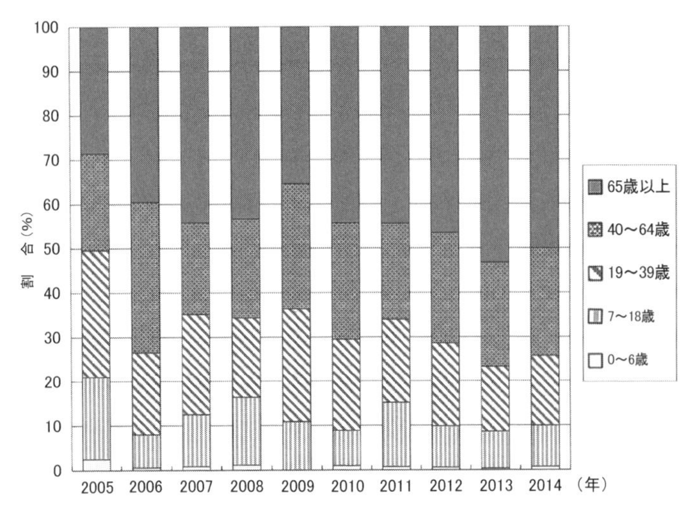

図 7-1-1　名古屋市における熱中症患者の年齢別割合（2005 〜 14 年）（国立環境研究所資料）

いて判断する傾向がみられ，肉体的感覚の反応が鈍くなりやすく，自覚のないまま発症に至るケースもある。

これに対し，7 〜 39 歳の年齢層が他の年齢層の患者数に比較して相対的な減少傾向を示すのは，新聞・テレビなどによる報道，および行政からの情報提供などに適宜対応していることが挙げられる（藤部，2004）。さらに，児童・生徒や労働者に対する健康管理・予防という観点からは，教育現場や労働現場での熱中症に対する適切な指導や対応がなされているものと思われる（星・稲葉，2002；堀江，2012）。

7. 2　名古屋市の熱中症発生場所と時刻

名古屋市域で熱中症患者数が多く発生する場所は，年代によって異なり（図 7-2-1），2013 年の例を挙げると乳幼児から小・中学生および高校生の 0 〜 18 歳では，保育施設，園内および学校施設内で発生率が 40％と最も高かった。

また，19 〜 39 歳の年齢層では，屋内外での勤務作業中が 30％を占めているが，40 歳以上になると住宅内が 38％と最も多く，年齢が高くなるにつれてその発生

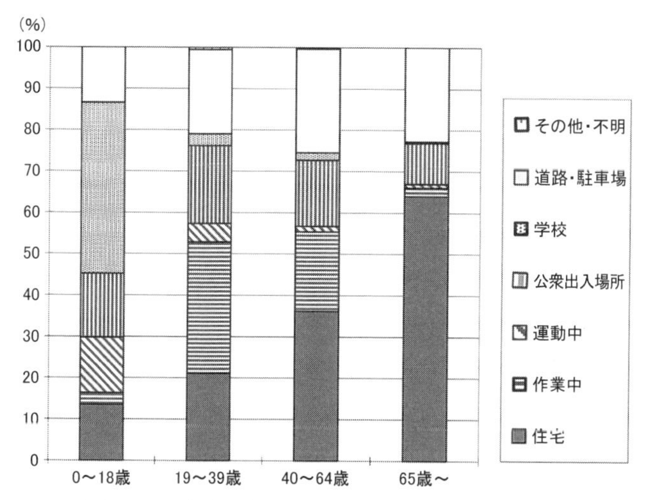

図 7-2-1　名古屋市における熱中症多発年（2013 年）における年齢層別発生場所（国立環境研究所資料）

頻度は高まる傾向を示している。これは，星・稲葉（2002）および堀江（2012）の調査結果と一致する。

その理由については明らかではないが，夜間の就寝時も含まれているため，発症要因を特定することは難しい。とくに 65 歳以上では，熱中症発症患者の 60%以上が室内である。これは名古屋市内に限ったことではなく，東京都区内で熱中症死亡者の 90%が屋内であることが東京都監察医務院から公表されている。また，65 歳以上の死亡率は 79%と高かった（朝日新聞，2016 年 7 月 1 日）。

これは，猛暑日においては外出を避けて屋内に閉じこもる機会が増えるだけでなく，高齢者は温度や渇きに対する生体反応が鈍くなっており，水分や塩分の摂取に積極的ではなかったことが考えられる（小野，2009，2012，2015；萱場ほか，2013）。とくに夜間では，過去の気温の日較差を想定した生活経験から，就寝時における適切な温熱環境を維持する努力がなされていない場合も考えられる（東，2009）。

さらに，これを発生時刻別にみていくと（図 7-2-2），65 歳以上の高齢者を除く年齢層の熱中症患者は，早朝から時間経過とともに増加して最高気温出現時の

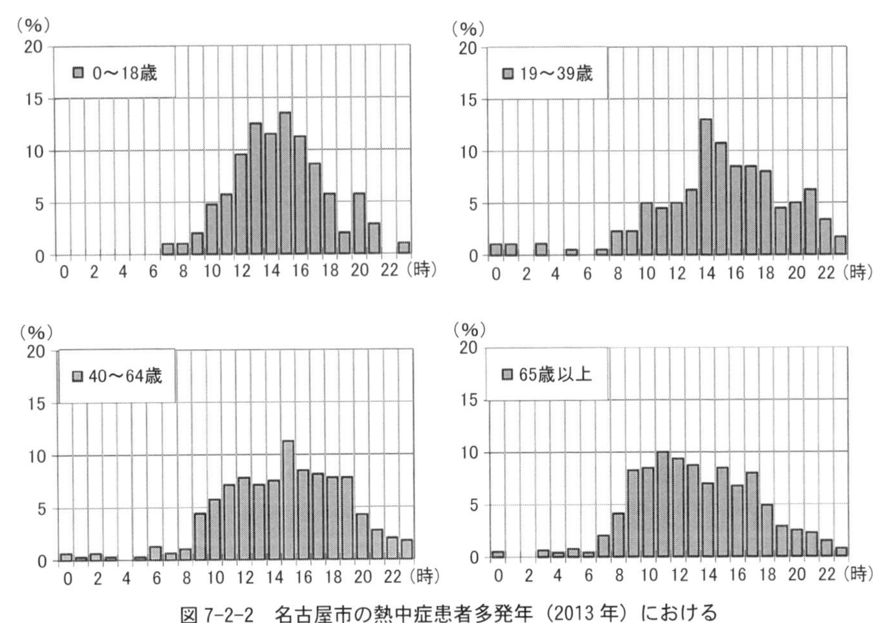

図 7-2-2　名古屋市の熱中症患者多発年（2013 年）における年齢別の覚知時刻別割合（%）（国立環境研究所資料）
0 ～ 18 歳のピークは 15 時，19 ～ 39 歳は 14 時，40 ～ 64 歳が 15 時，および 65 歳以上は 9 時から 17 時の間で，ピークが明瞭ではない．

14 ～ 15 時の時間帯を中心に発生し，ほぼ正規分布を示している。

小・中高生の年齢層では，当然のことながら体育や部活動など運動中に発生することが多い特徴がある（川原，1986，1992；日本救急医学会，2002，2008；日本スポーツ振興センター，2003）。とくに気温が高くなり始める 10 時ごろから熱中症患者は増加し，一般的に最高気温出現後の 15 時が患者数のピークとなる（松本，2011）。しかし，その後減少に転じる傾向があり，熱中症は気温の上昇と密接な関係があると思われる（有賀，2010；三宅，2012）。

19 ～ 39 歳および 40 ～ 64 歳の年齢層では，熱中症患者が最高気温出現時の 14 時に急増する。これは，この年齢層がおもに勤労者であることから，屋外作業や労働環境による発症が原因と考えられる（三浦，1963;三浦・斉藤，1963）。しかし，65 歳以上の高齢者層は 11 時にピークを迎える傾向を示す。これは，環境省（2014）による全国的な調査資料からも明らかにされているように，高齢者の熱中症の発症要因が屋外労働によるものではなく，高齢者の一人暮らしが多いことも要因の1つとして挙げられる（小野，2009；三宅編，2012；日本救急医学会，2015）。

7.3 名古屋市の行政区別にみた熱中症患者数

熱中症発生の地域差については，星・稲葉（2004），星ほか（2010），赤塚ほか（2014）の研究があり，それぞれ都道府県単位あるいは地域ごとに比較検討がなされている。また，都市の行政区別の熱中症による死亡者数の研究は，東京都を対象に経年的動向，発生動向が菊池ほか（2010，2011）によってなされている。その結果，経年的には増加傾向を示すものの，23区が同じ傾向を示しているわけではないことが明らかとなった（藤部，2007，2013；東，2009）。これは，熱中症がヒートアイランド分布と密接な関係にあるからである（環境情報科学センター，2011）。

そこで，名古屋市においても消防局の資料から，最近10年間（2005～14年）における行政区と熱中症患者実数の経年変化を調べてみた（図7-3-1a，b）。図中の棒グラフは熱中症患者数，実線は増加率を示したものである。

その結果，2005年から2009年にかけての期間は，各行政区間の熱中症患者数に大きな違いがみられないが，20人を上回った行政区は庄内川沿いの港区，中川区，中村区，西区および北区と都市中心部の中区，昭和区などである。とくに2009年は，オホーツク海高気圧型の出現頻度が高かったために，気温の上昇が抑えられ，各行政区の熱中症患者数が10人以下と最も少なかった。しかし，少ないにもかかわらず庄内川に沿う行政区の熱中症患者数が相対的に多かったのは，気象条件によるものか，あるいは労働人口数によるものかは定かでないが，これらの地域が歴史的に中小企業の集積地であることも原因の1つと考えられる（橋本・堀越，2003；溝口，2015）。

その後，2010年あたりから熱中症患者が増える傾向にあり，全国的に熱中症患者数が多発した。その証拠に，環境情報科学センター（2011）が2010年の熱

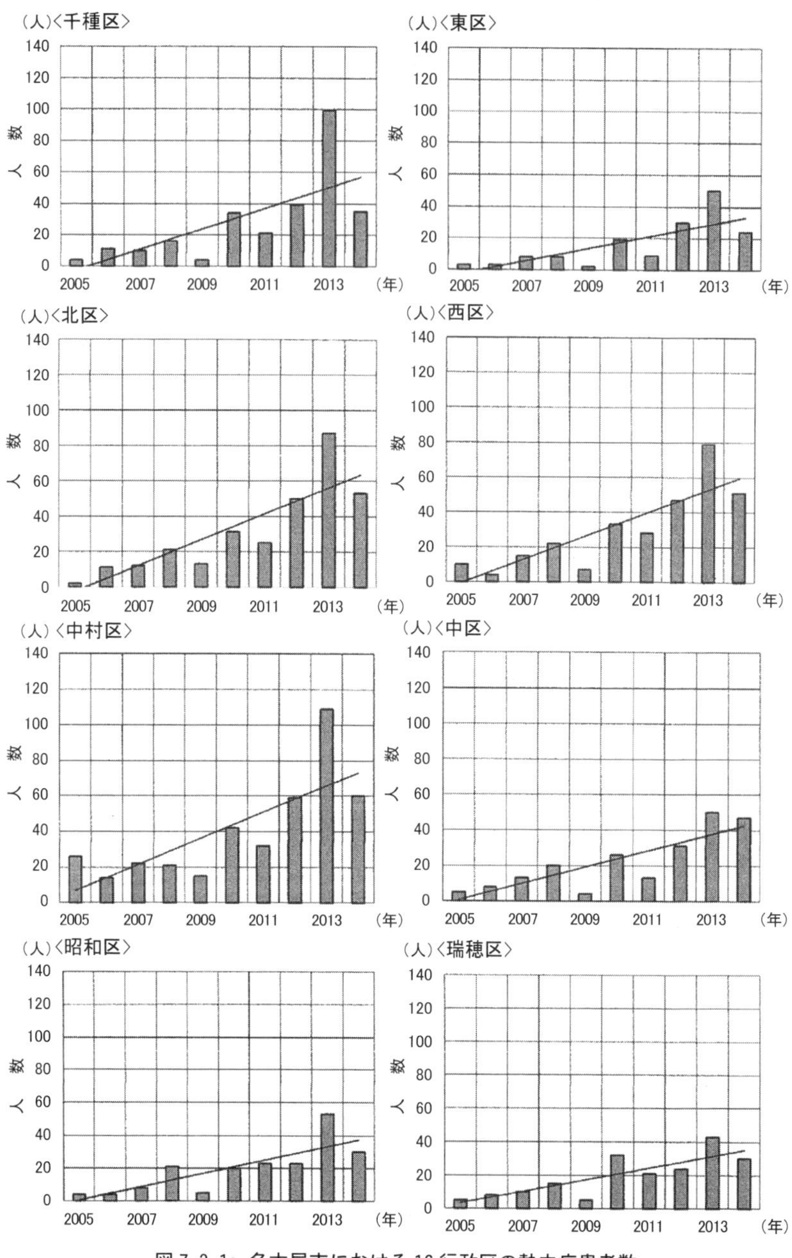

図 7-3-1a 名古屋市における 16 行政区の熱中症患者数の経年変化傾向（2006 ～ 14 年）（国立環境研究所資料）

各区ともに熱中症患者が増加傾向を示しているが，2013 年が極端に多かったのは北区，西区，中村区，中川区，港区，南区，緑区および千種区であった．

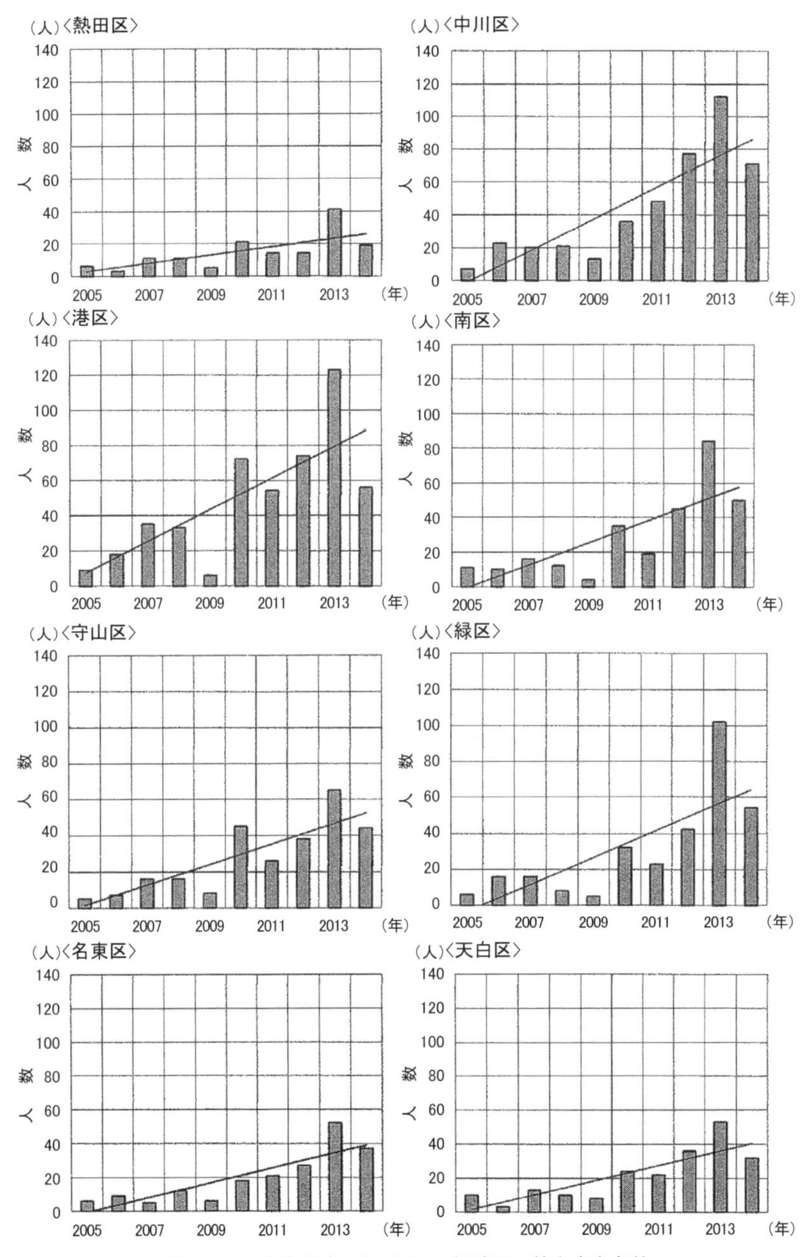

図 7-3-1b 名古屋市における 16 行政区の熱中症患者数の経年変化傾向（2006 ～ 14 年）（国立環境研究所資料）

図 7-3-2　名古屋市における行政区で 2013 年夏の熱中症患者が最も多かった港区（冨田撮影）

中症とヒートアイランドの関係を調査業務報告書として公表している。これは 2010 年が，全面高気圧型および南高北低型の典型的な夏型気圧配置の出現頻度が高かったからである。したがって，名古屋市ではすべての行政区において，患者数が過去の記録を更新した。北区や中村区，西区をはじめとして，中川区，守山区，港区，南区，緑区でも 30 人以上の熱中症患者が搬送された。とくに庄内川の海風前線地域にあたる中村区や守山区では 40 人，南部海岸沿いの港区では 70 人を上回る熱中症患者が搬送されている（図 7-3-2）。これは，過去の 2 ～ 5 倍にあたる患者数である。

しかし，過去 10 年間で名古屋市の熱中症患者数が最も多かったのは 2013 年である。2013 年は，2010 年を上回る熱中症患者数となり，16 行政区のすべてにおいて，過去最高の熱中症患者数を記録した。これは，東海地方が 1994 年を上回る猛暑となった 1995 年と同様に，南高北低型の気圧配置の出現率が高かったからである。名古屋市中心部の東区, 中区, 昭和区, 熱田区では 40 人前後であったが, 千種区，中村区，港区，中川区，緑区では 100 人規模の熱中症患者が搬送された。とくに 2010 年でも 70 人を上回った港区は，2013 年には 120 人を超えている。

さらに，熱中症患者の増加傾向は行政区によって違いがみられ，名古屋市中心

図 7-3-3　南西のフェーン現象の風によって体感温度が増し，熱中症患者が多く搬送される名古屋市中川区に位置する荒子公園で野球をする中学生（冨田撮影）

部の東区，中区，昭和区，瑞穂区，熱田区および天白区と名東区に比較して，北区，中村区，中川区および港区の名古屋市西部や南西部の増加率が高かった。これらの各区の地理的な特徴は，海岸部に面している港区をはじめとして，名古屋市をとりまく庄内川に沿っていることである。これは，南高北低型の夏型気圧配置で吹く風が，フェーン現象を伴った南西風であったことが影響していると考えられる。中川区は西側からの山越えフェーンの収束帯に位置していることから，南高北低の夏型気圧配置において猛暑となりやすい（図 7-3-3）。

これは，熱中症の患者数がとくに多かった中川区では日中は西寄りの風が吹走し，とくに最高気温が現れる時間帯は西～北西寄りの 3.0m/s 以上の風が吹いていて，気温が 35.0℃を上回ったからである（図 7-3-4）。したがって，西側山地から吹き下りるフェーン現象を伴った風が吹いていることがわかる。とくに 2013 年 7 月 8 日は，南高北低型の気圧配置でも西日本に高気圧が張り出し，伊吹山地からの北西風が吹きやすい気圧配置である。伊吹山（1,377m）は，鈴鹿山脈に比較して標高も高く，風下側でフェーンによる気温上昇が著しくなる傾向がある（図 7-3-5）（大和田，2006；大和田ほか，2010；高根ほか，2013；岡田ほか，2014）。

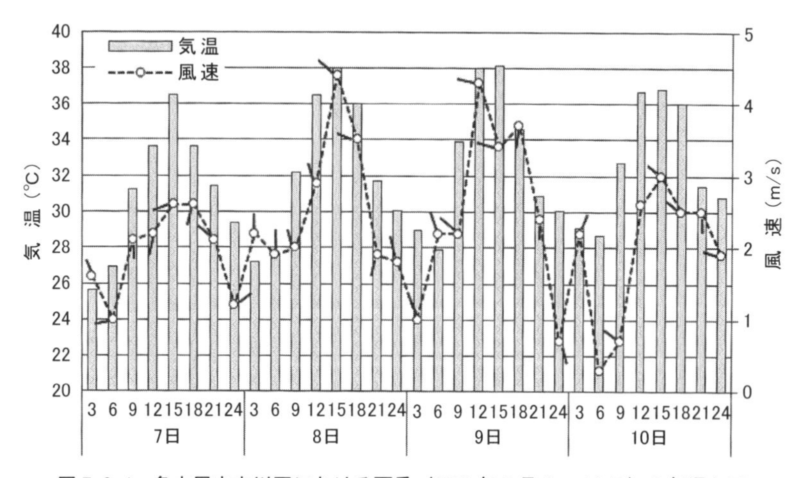

図 7-3-4　名古屋市中川区における夏季（2013 年 7 月 7 ～ 10 日）の気温と風
風速が強まる最高気温出現時には西寄りの風が吹いていて，フェーン現象の影響がうかがえる.

図 7-3-5　鯨の尾型の夏型気圧配置で北西の風が吹き下りる伊吹山地（冨田撮影）

2013 年の夏は，名古屋市で最も多くの熱中症患者が搬送された。そこで，6 月から 9 月にかけての積算熱中症患者数（人）を分布図で表すと，地域性が明瞭に現れた（図 7-3-6)。

夏季の 4 カ月間で熱中症患者数が 100 人を越えたのは，名古屋市西部から南部にかけての地域で，中村区と中川区，港区，南区および緑区である。とくに港区は名古屋市全体の約 10%にあたる 120 人を超え，最も熱中症患者が多く現れた。

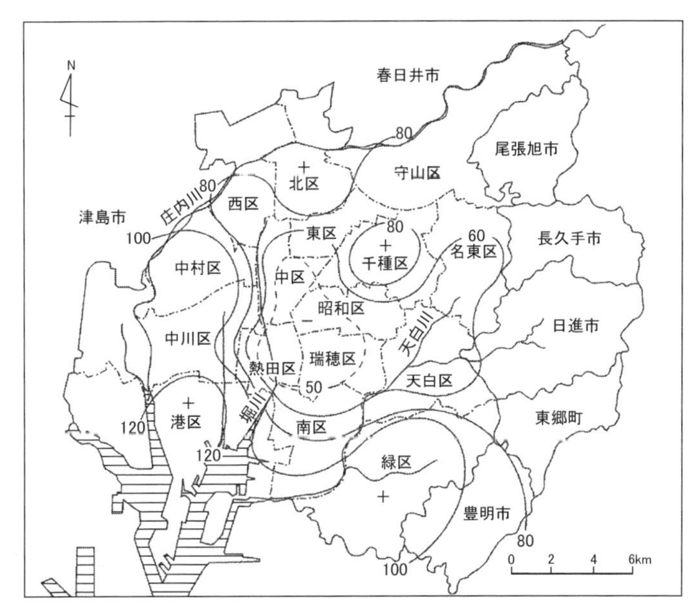

図 7-3-6　名古屋市における夏季の熱中症患者数（人）の地理的分布（2013 年 6 ～ 9 月）
とくに港区を中心に中村区から中川区，緑区で多くの熱中症患者が搬送されている．

これは，南西部からのフェーン現象を伴った乾燥大気が伊勢湾から進入する暖湿流との間に局地不連続線を形成し，体感温度が高まったからであろう（橋本・堀越，2002)。

次いで患者数が多かったのは，北区および千種区で 80 人を上回った。これに対し，名古屋市中心部の中区，昭和区，熱田区および瑞穂区では患者数が 50 人以下である。したがって，熱中症患者数の多かった区に比較して半分以下であった。これは，現在の名古屋市のヒートアイランド分布とも関係があると考えられるが，昼間人口と夜間人口比についても考慮する必要がある。これは，夜間室内での熱中症患者が増加傾向にあるからである（星・稲葉，2006)。

7.4　名古屋市における行政区別熱中症患者数の増加予測

わが国の大都市は日本列島の地形的要素から，海岸部都市として発展してきた

図 7-4-1　名古屋市港区中之島通りでの道路作業（神谷撮影）
港区は年間の熱中症患者搬送数が多く，屋外作業には注意が必要である.

経緯があるが，名古屋市もその例外ではない。したがって，伊勢湾からの海風の進入による気化熱効果で気温の軽減にはなるが（橋本ほか，2001；橋本・堀越，2002），高湿によって体感温度は高くなる可能性も考えられる（大和田編，1980）。また，典型的な南高北低の夏型気圧配置は，伊勢湾岸に南西のフェーンを伴った熱風をもたらし，名古屋市は異常高温が出現しやすい地域となる（大和田・石川，1987；大和田，1991，2006）。さらに，名古屋市のヒートアイランドによる高温域が分散して現れるのは，都市中心部の建物の高層化，電線の地中化による緑陰率の上昇，および周辺地域の宅地化によって歴史的・空間的変遷が著しいことも要因となっている（大和田，1994）。したがって，名古屋市域の各区における気候環境が同一ではなく，体感としての暑さも異なっている。

各区単位での熱中症患者数は，過去10年間の積算で最も多かったのは港区（480人）で（図 7-4-1），次いで中川区（428人），中村区（400人）の順である。

共通しているのは，積算人数の多い地区が庄内川左岸地域に集中して現れたことである。これに対し，少なかったのは熱田区（145人），東区（156人）であり，中区は217人であった。したがって，緑区，北区，中村区，中川区および港区では，過去10年間における熱中症患者数が300人を超えており，とくに港区，中

図 7-4-2　名古屋市中川区では，多くの熱中症患者が搬送されている（冨田撮影）

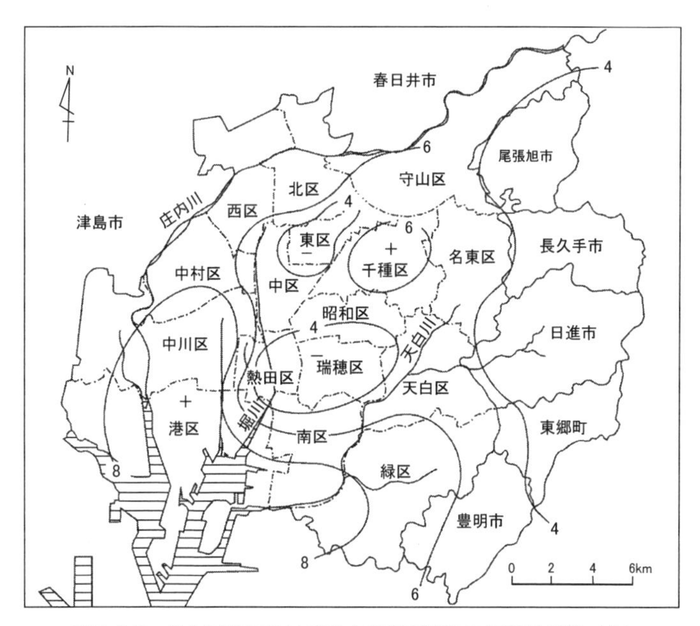

図 7-4-3　名古屋市における熱中症患者発生の年間増加数（人）
名古屋市域では瑞穂区，東区，熱田区が最も低く，南西部から海岸部にかけての中川区，港区，南区の発生率が高くなる傾向がある．

川区，中村区では 400 人を上回る（図 7-4-2)。

その結果，名古屋市における熱中症搬送者の年間増加数は（図 7-4-3)，北東部の守山区から東部の名東区および天白区は 4 ～ 6 人 / 年，東区と熱田区から瑞穂区にかけての地域は 4 人 / 年以下であるが，庄内川左岸に沿う北区，西区，中村区，南部の緑区および千種区では 6 ～ 8 人 / 年である。とくに，中川区から港区および南区の一部にかけては 8 人 / 年以上に達する。

これは，南高北低の夏型気圧配置で局地的な不連続線が形成されるためである (大和田，1991)。南高北低の気圧配置の増加によってフェーン現象による高温化した風と伊勢湾からの暖湿な海風との間に局地的不連続線が形成されやすい傾向が強まっている（大和田ほか, 1993;大和田, 1994)。したがって，これらの地域は，今後さらに熱中症患者数の増加が予想され，熱中症に対する意識の向上と対策を急がなければならない。

しかし，東区や瑞穂区は都市中心部に位置するにもかかわらず，4 人 / 年以下であり，熱田区は 3 人 / 年以下と最も少ないことが明らかとなった。これは，近年のヒートアイランド調査結果からも認められる現象で，電線の地中化による街路樹の大型化や，神社・仏閣の緑地による緑陰効果によるものと考えられる。

(神谷俊彦・大和田春樹)

Ⅷ　都市高温化の緩和

8.1　都市内大型緑地の効果

都市域における大型緑地は，緑地帯そのものが気温の上昇を抑えることに加え，夏季のヒートアイランドの軽減，およびヒートアイランド強度を弱める重要な役目を果たしている（三上，2006，2009；小林，2011）。東京都では，新宿御苑による緑地効果の調査が行われており（丸田，1972；成田，2003；成田ほか，2004；菅原ほか，2006），大型緑地による周辺市街地の温度軽減効果が確認されている。また，緑地内部の樹林地と平面的な芝との比較では，樹林地の葉面からの蒸発散によって気化熱効果が得られ，より気温上昇抑制効果が期待されている（原園ほか, 1992 浜田・三上, 1994;）。したがって, 都市内部における緑被率がヒートアイランド強度と密接な関係があることは知られているが（福岡，1983），大型緑地の配置によってヒートアイランドの抑制効果も変わってくる。

具体的には，Okita（1960），および Bornstein（1968），さらに大和田ほか（1979）が明らかにしたように，ヒートアイランドは三次元的構造をなしているため，都心部を中心にして起こる上昇気流を抑え，ヒートアイランドの上限高度をいかに低くするかが課題となる。名古屋市においては，大和田（1994）が飛行機による鉛直観測を実施し，夏季の日中におけるヒートアイランドの上限高度が約 1,000m であることを確認した。ヒートアイランドの上限高度はヒートアイランド強度と密接な関係にあり，上限高度（クロスオーバーポイント）を抑える効果が期待できるのが都心部の大型緑地である（加藤，1996；三上，2006）。

図 8-2-1　名古屋市中区桜道に沿う街路樹（三輪撮影）
中央に見えるのが名古屋駅の JR セントラルタワーズである.

8.2　名古屋市の緑被率の変遷

緑は人々に精神的な潤いや安らぎを与えるだけでなく，蒸発散作用により気温の上昇を抑える役目を果たしている（山口，2009）。今堀ほか（1996）は，名古屋市をとりまく庄内川や堀川，中川運河などの河川に接した緑地が温湿環境に及ぼす効果について言及している。また加藤（1996）は，熱田神宮の大規模緑地の昇温緩和作用について調査し，大型緑地がヒートアイランド現象を強化する原因である CO_2 を吸収・固定するなど，都市環境の改善に大きく寄与していると述べている（福岡，2006，2007）。このため，国内外の多くの都市では，ヒートアイランド対策としての公園緑地の整備，街路樹の保全（図 8-2-1），屋上・壁面緑化（図 8-2-2）等の施策が講じられるようになってきた（福岡ほか，1992；半田ほか，1995；福岡，2005；福岡編，2010）。

名古屋市は戦前から都市計画公園や風致地区を整備して，都市の緑化に努めてきた。しかし，第二次世界大戦において市域の約 25%を消失し，さらに街路樹や神社・仏閣等の多くの緑地面積を失った。また，戦中・戦後には資源不足による燃料として東部丘陵の樹木が伐採され，多くの森林面積を失った。1959 年に

図 8-2-2　名古屋市北区にある名古屋市立西部医療センター 4 階屋上の緑化（細野撮影）

襲来した伊勢湾台風は，最大瞬間風速が伊良湖岬では 45.0m/s 以上，名古屋市でも 37.0m/s を上回ったため，街路樹の半数近くが倒木被害を受け，三次元的な緑被が減少した。したがって，伊勢湾台風による倒木被害を回復するため，名古屋市をはじめとする中部地方建設局および愛知県によって，河川敷緑地や公園緑地および街路樹が順次整備され，市内の緑を保全する努力が続けられた（名古屋市，2011）。

しかし，伊勢湾台風から約 30 年後，1990 年 9 月の台風 19 号の襲来によって倒木被害が相次いだ。 台風 19 号は伊勢湾台風とほぼ同じ経路と規模で，和歌山県の白浜町に上陸した。その結果，倒木の方向から伊勢湾台風襲来時における伊勢湾岸地域の風向，および風の強さを推定することが可能となったのである（大和田・石川，1993；大和田，1994）。

図 8-2-3 は，台風 19 号による被害調査から推定した伊勢湾岸地域のベクトル平均風向である。伊勢湾東部の知多半島，渥美半島は地形の起伏による風の乱れはあるものの，ほぼ南から南東系の風に占められている。三河山地沿いでは南東風の収束がみられるが，庄内川の右岸地域および木曽川，長良川沿いでは北東の風が吹いていて，反時計回りの渦が確認できる。伊勢湾奥に位置する名古屋市は，南部で南寄りの風，北部では南東の風が吹いている。倒木した樹種の多くは，「ひ

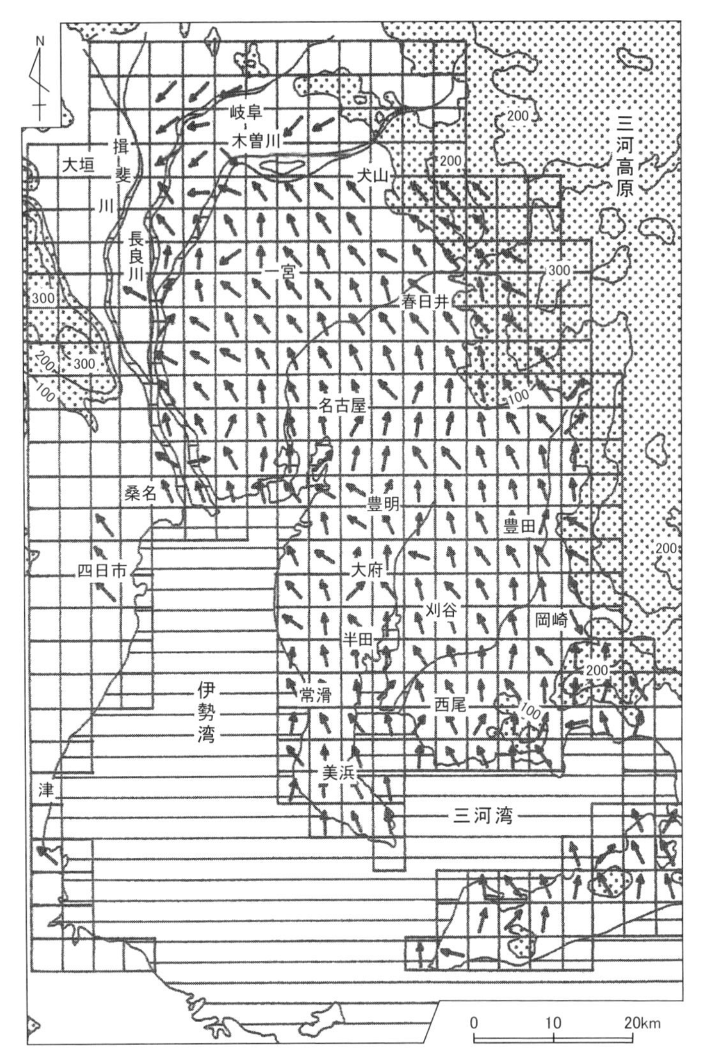

図 8-2-3　1990 年 9 月台風 19 号の襲来に伴う倒木調査による
伊勢湾・三河湾岸の風向分布（大和田・石川，1993）
台風 19 号は伊勢湾台風とほぼ同じコースであり，伊勢湾台風襲来時の風向の再現でもある．

のき科」のカイズカイブキや「スギ科」のスギおよび「マツ科」のクロマツなど，針葉樹がほとんどであった。しかし，広葉樹の倒木はほとんどみられなかった。これは，街路樹の回復を早めるために針葉樹を植樹したためである。広葉樹は根

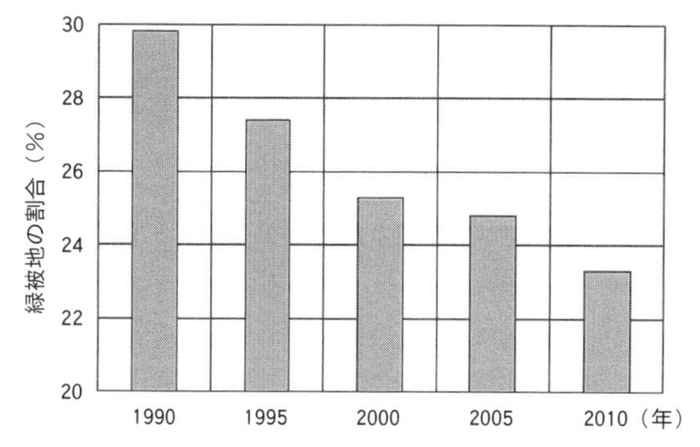

図 8-2-4　名古屋市における緑被率の変遷（名古屋市緑政土木局資料）
1990年代は緑被率が約30.0%に近かったが，現在では24.0%を下回っている.

の張り出しが水平方向であるのに対し，針葉樹の場合には成長が早く根が鉛直方向に伸びるため，強風による倒木被害を受けやすい（大和田，1994）。

このような2度の台風襲来による倒木被害で緑被率は低下したが，名古屋市は都市緑化推進に向け，敷地面積が300m^{2}を上回る建築物の新築・増築に対して10～20%の緑地率を確保するための「緑化地域制度」をスタートさせた（名古屋市，2008）。しかし，宅地開発や生産緑地の市街化に伴い，徐々に緑被率が減少しているのが現状である。

名古屋市（2010）は，1960年代には緑被率が約50%，1970年代には約40%を占める理想的な都市であったが（大和田編，1980；福岡，1995），時間の経過とともに緑被率を漸次減少させていった。名古屋市域の緑被率は，1990年までは29.8%（9,730ha）であったが，1995年には27.4%，2000年に25.3%と減少したものの，25.0%は維持していた。しかし，10年後の2010年には23.3%（7,594ha）となり，1990年から20年後には天白区の区域面積に匹敵する約2,136haの緑が失われた（図8-2-4）。その結果，2015年現在では22.0%にまで減少したのである。

8.3　名古屋市の行政区単位での緑地率の変遷

名古屋市における緑被地（オープンスペース）は，農地，芝・草地，樹林地，

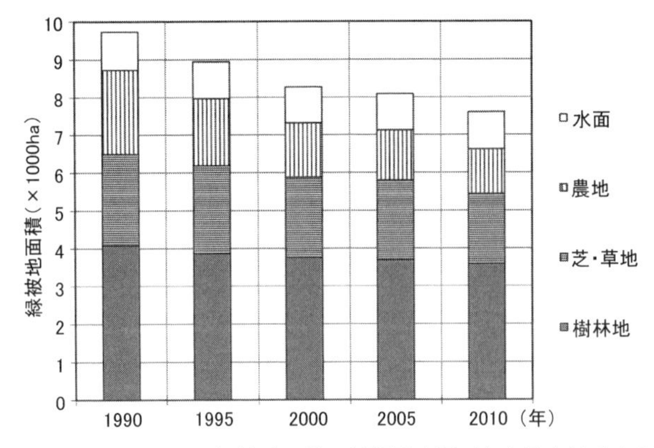

図 8-3-1　名古屋市における緑被地面積の種類別変遷（名古屋市緑政土木局資料）
緑被地面積の広さは，樹林地，芝・草地，農地および水面の順である.

水面の 4 種に分類される(図 8-3-1)。緑被地で, 20 年前(1990 年と 2010 年との差)に比較して最も減少傾向が著しいのは農地（47.0%）であり，約半分に減少した。これは，都市内生産緑地の多くが住宅地となったからである。次いで芝・草地の 23.1%，樹林地 12.4%，水面 2.6%の順である。

また，行政区単位による緑被率は，2010 年の段階で守山区の 38.8%が最も高く，次いで天白区 29.1%，港区 27.1%，緑区 25.7%，名東区 25.5%，千種区 23.6%，中川区 23.0% の順となる。これに対し，都市中心部の中区 13.9%，昭和区および瑞穂区が 13.8%，熱田区 13.6% であり，これらの区はいずれも 15.0%以下であった。とくに東区では 12.2% と，名古屋市で最も緑被率が低かった（図 8-3-2)。

これを 20 年前の緑被率に比較すると，最も減少率が大きいのは守山区の 11.5%，次いで緑区の 9.7%，中川区 9.6%，天白区 9.1%の順である。逆に減少率が小さいのは熱田区の 0.6%, 東区の 2.9%, 南区 3.3%および千種区 3.6%であり，緑被率が低い行政区ほど減少率は低下するが，中区は 0.6%の増加に転じている（図 8-3-3)。これは，三次元的な街路樹の成長によるものと思われる（図 8-3-4)。

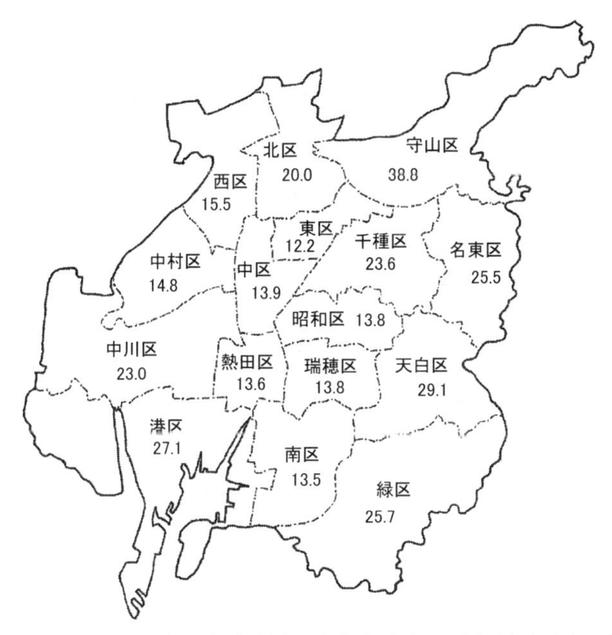

図 8-3-2　名古屋市における行政区別の緑被率の分布（%）（2010 年）（名古屋市緑政土木局資料）

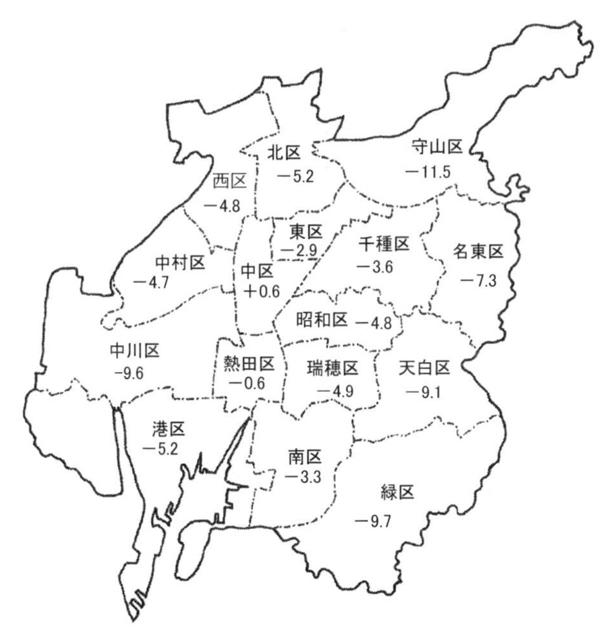

図 8-3-3　名古屋市における行政区別緑地率の変遷（%）（1990 ～ 2010 年）
（名古屋市緑政土木局資料）
各行政区の値は，1990 年に比較しての増減率である．

図 8-3-4　名古屋市久屋大通りの街路樹（大和田撮影）

8.4　名古屋市の熱帯夜と緑被率との関係

緑地は地表面のアルベドの関係から，日中の気温上昇を抑制し，夜間の放熱効果を促進する役目を果たしている。このため，緑被率は熱帯夜の出現日数にも大きな影響を与えていると考えられる。これに対し，ビル建物やアスファルト・コンクリートは，長波放射量の増加や顕熱フラックスによって夜間の都市気温を上昇させている（近藤・劉，1998 ; Kusaka and Kimura，2004）。そこで，都市のヒートアイランド対策および夜間における都市の熱環境の改善のため，都市内緑地の果たす役割が重要であることも研究されてきた（成田，2003 ; 成田ほか，2004 ; 大西ほか，2010 ; 小林，2011 ; 外崎ほか，2012）。

図 8-4-1 は，名古屋市における最低気温分布（2005 年 8 月 3 日 4 時）の平均偏差を求め，行政区単位で表したものである（大和田ほか，2007）。したがって，名古屋市域において「正」となった行政区は気温が高く，「負」は低い行政区に属する。その結果，北区から東区，中区，昭和区，瑞穂区，中村区，中川区および南区は「正」の偏差値を示し，守山区，千種区，天白区，緑区および名東区は「負」の偏差域に属する。

さらに，名古屋市周辺部の尾張旭市から長久手市，日進市，東郷町，豊明市で

図 8-4-1　名古屋市における夏季早朝（2005 年 8 月 3 日 4 時）の行政区別平均偏差（℃）（大和田ほか，2007）
夜間のヒートアイランドの中心は，東区，中区，北区，中川区（0.5℃以上）である．

も「負」となり，名古屋市東部の最低気温が低めに現れることが実証された。したがって，名古屋市西部は東部に比較して最低気温が高く現れる傾向がある。とくに都市中心部の東区では，偏差値が 0.8℃で最も高く，北区，中区の 0.5℃を上回る。これに対し，東部の名東区では偏差値が－ 0.5℃であった。さらに，周辺地域の長久手市では－ 1.4℃，日進市が－ 1.0℃と名古屋市域に比較して低かったのは，緑被率の影響によるものであろう。

そこで，名古屋市で熱帯夜が現れた日の最低気温と緑被率との関係を求めてみると（図 8-4-2），－ 0.72 の高い相関係数が得られた（大和田ほか，2007）。名古屋市における日最低気温（NTmin）と緑被率（Gcr）との関係は，

$$NT\mathrm{min}\ (℃) = 30.629\,Gcr^{-0.028} \qquad (8\text{-}4\text{-}1)$$

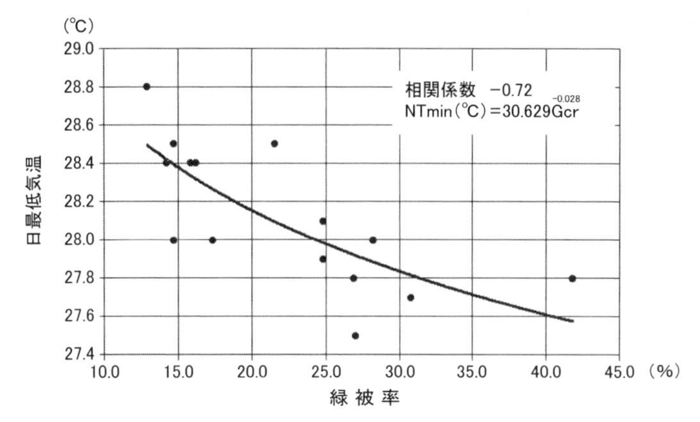

図 8-4-2　名古屋市における夏季早朝（2005 年 8 月 3 日 4 時）の最低気温と緑被率（%）との関係（大和田ほか，2007）

表8-4-1　名古屋市における緑被率（%）の減少に伴う日最低気温の上昇率（℃）（大和田ほか，2007）

緑被率の減少 (%)	日最低気温上昇率 (℃)
2	0.05
4	0.11
6	0.18
8	0.24
10	0.32
12	0.40
14	0.50
16	0.60
18	0.73
20	0.87

（注）緑被率の減少は日最低気温を高め，熱帯夜の要因となる．

で表すことができ，緑被率が高いほど気温が低く，また低いほど気温は高くなる。

その結果，緑被率の減少率と日最低気温の上昇率との関係から（表 8-4-1），緑被率 2%の減少に対して日最低気温が 0.05℃上昇し，10%で 0.32℃，20%の減少では 0.87℃上昇することが予測できる。したがって，今後の名古屋市域における緑被率の減少は，夏季の日最低気温上昇を加速させ，夜間の熱中症による危険性がさらに高まることが予想されるのである（安岡ほか，1999，2003；外崎ほか，2012）。

8. 5　熱田神宮の緑地効果

名古屋市熱田区の熱田神宮は，名古屋市中心部の大型緑地としては貴重な存在であり（図 8-5-1），総敷地面積 19ha を有している。熱田神宮内の被覆は樹林地が約 57%，裸地や砂利等 23%，建物約 10%，アスファルト・コンクリートの路

図 8-5-1　名古屋市のほぼ中心部に位置する大型緑地の熱田神宮（大和田撮影）

面が 9%であり，敷地面積のほぼ 6 割が樹林地である。とくに樹林地には樹高 20 〜 25 m の木々が立ち並び，植栽密度も高い。神宮周辺部は東側に名古屋鉄道本線と JR 東海道線が走り，南側には国道 1 号，さらに西側は国道 19 号の主要幹線道路に取り囲まれている。また，熱田神宮周辺は住宅密集地でもある。

観測日は，東海地方が 1994 年よりも異常猛暑となった 1995 年 8 月 1 日および 7 日である。1994 年が全面高気圧型の気圧配置であったのに対し，1995 年は南高北低型が最も多く出現した夏であった。南高北低型は，北太平洋高気圧の縁に沿う南西風が紀伊山地を越えてフェーン現象を伴い，東海地方が猛暑になりやすい気圧配置である。

このため，南高北低型でも鯨の尾型に近い 1995 年 8 月 1 日は（図 8-5-2），熱田神宮周辺の最高気温が西側で 38.0℃以上に達したが，東側では 37.0℃よりも低かった。これは，熱田神宮の西側が風上側，東側が熱田神宮の緑地を通過してきた風下側にあたるからである。その結果，約 1.0℃以上の気温差がみられた（図 8-5-3）。しかし，熱田神宮内部はほぼ 35.0℃以下であり，局地的には南側の南門に近い場所が 32.0℃以下である。これは，鯨の尾型特有の北西系の風が吹いていたためで，熱田神宮内の低温域が移送されたものと思われる。したがって，最も気温の高かった西側周辺地域との気温差は約 6.0℃に達したのである。

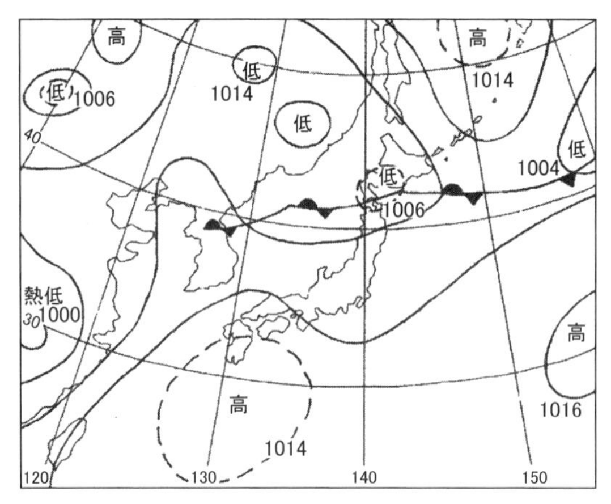

図 8-5-2　名古屋市熱田区の熱田神宮で観測した日（1995 年 8 月 1 日）の気圧配置
南高北低の鯨の尾型であった.

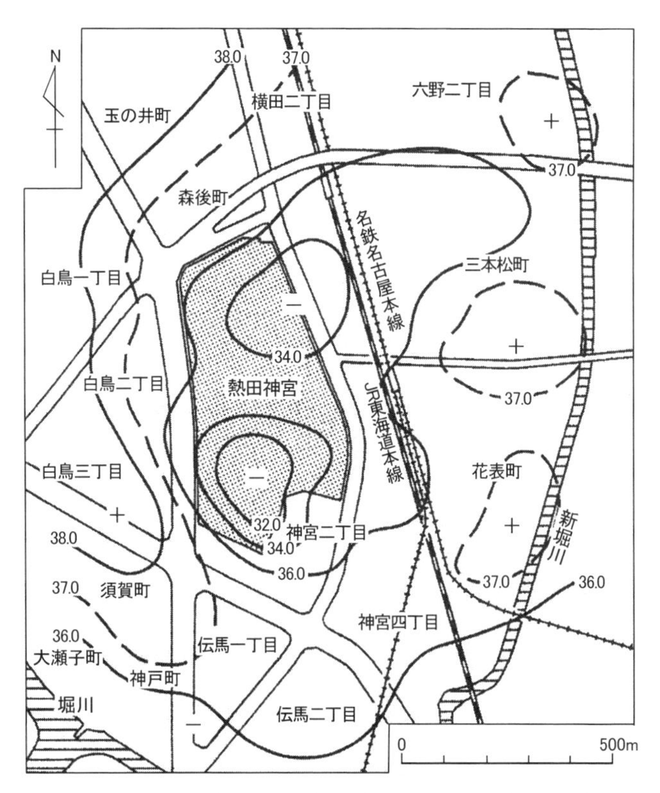

図 8-5-3　鯨の尾型時（1995 年 8 月 1 日 13 時 15 分）における
名古屋市熱田区の熱田神宮とその周辺地域の気温分布（℃）（加藤，1996）

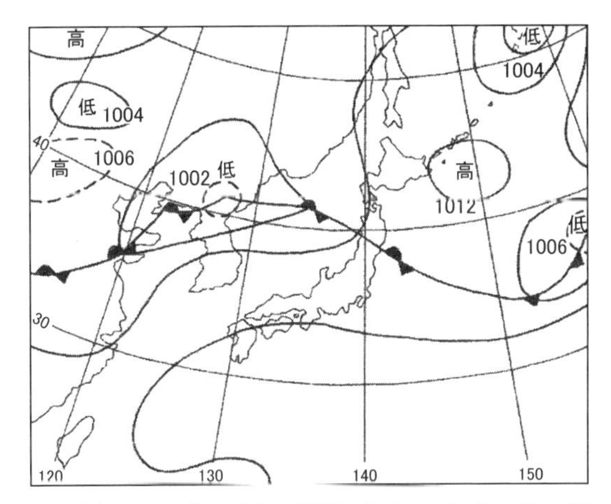

図 8-5-4　名古屋市熱田区の熱田神宮で観測した日（1995 年 8 月 7 日）の気圧配置
南高北低の典型的な夏型気圧配置であった.

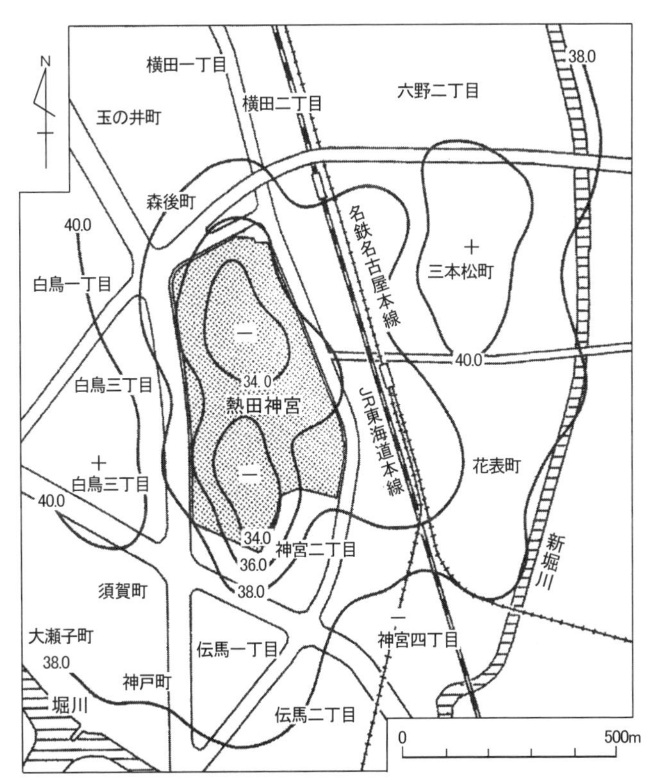

図 8-5-5　南高北低型時（1995 年 8 月 7 日 14 時）における
名古屋市熱田区の熱田神宮とその周辺地域の気温分布（℃）（加藤，1996）

さらに，典型的な南高北低型であった1995年8月7日は（図8-5-4），熱田神宮に沿う東側と西側で最高気温が40.0℃を上回った。神宮内部には2カ所の34.0℃以下の低温域が出現しているものの，ほぼ同心円状をなし，熱田神宮を中心とした低温域は36.0℃以下である。その周辺の38.0℃の等温線が東側に張り出しているのは，弱い南西系の風の影響によるものであろう。したがって，神宮内部の低温域と周辺地域との気温差は6.0℃に達し，鯨の尾型の気圧配置と同じであった（図8-5-5）。

その結果，熱田神宮の大型緑地のヒートアイランド抑制効果が及ぶ範囲は，風速によって異なるが，風下側では200～400mであった。この大型緑地による冷気の滲み出しが及ぶ範囲は，丸田（1972）および三上（1982）の測定結果と一致する。

したがって，人口約230万人（2017年4月1日現在）の名古屋市の都心部に位置する熱田神宮は，ヒートアイランド抑制に果たす大型緑地の役割が大きく，ヒートアイランド強度が中都市並み（4.0℃）であることの1つの要因として考えられる（福岡，1983；福岡編，1995）。

（大和田道雄・橋本寿朗・細野正俊）

Ⅸ　都市高温化の抑制策

9.1　わが国とヨーロッパの都市形態

都市とは，政治や経済の中心をになう人口の集積地域であるが，「都」は政治，「市」は交易および経済の中心の意味をもっている（福岡編, 1995)。福岡（1995）によれば，西アジア以西では遊牧民の交易の場として「市」が成長したものであるが，東アジアでは集落を管理するための政治の都城として，「都」が都市の形成要因となったとされている。

したがって，現在は「都市」として一般的に使われているが，人種や地域によって都市の成り立ちや都市形態が異なっている。とくにゲルマン系は遊牧文化，モンゴル系は農耕文化であったため，生活する地形環境にも違いがみられる。ヨーロッパのような氷河地形では沖積平野が発達していないため，都市が台地や丘陵地に独立していることが多く，小麦生産が中心となっている(正井, 1971)。しかし，河谷地形のわが国では，沖積平野の河川沿いの都市が多く，水田稲作が中心となって発達している。

さらに，ヨーロッパの都市形成は，ローマ帝国時代の中世都市が継承されていることが多く，また城や教会を核にした防御施設，およびバルト海や北海に面したスラブ的都市などである。ドイツの都市考古学では，都市の形成から内部構造，および都市で暮らした人々の食生活や家族構成まで扱っている（中世都市研究会，1998)。

千田（1998）によれば，ヘルマン（1991）は中世ヨーロッパの都市形態を中間地帯と外縁地帯および内側地帯に分類した。これらの地域の都市形態は，中間

図 9-1-1　ドイツ南部ローテンブルクの城壁（大和田撮影）
旧市街が古い城壁に囲まれ，周囲が新市街になっている．

地帯にあたる北西ヨーロッパの都市が9～10世紀に封建国家による城郭都市として形成されたもので，ドイツのケルンはローマ時代の拠点的都市がそのまま発展したものである。これに対しリーメス以北の外縁地帯では，11～12世紀に城を核にした城郭都市が成立している。ドイツ南部のローテンブルクは中世の街並みが残る城郭都市で，旧市街は古い城壁に囲まれており，中世ヨーロッパの古都市を代表する街並みを見ることができる（図9-1-1）。さらに，ドイツ北東部のリューベックは，城郭都市がバルト海沿岸の港湾都市として発展し，中央に教会を配置する街並みは，地域の都市競争を勝ち抜いた結果といわれている。

わが国では近世の都市形態は城下町が典型的であるが，港町や宿場町も数多く形成されている。東海道は江戸と京都，大阪との連携を強めるために整備され（図9-1-2），五十三次の「次」は宿場町を意味するものであり，街道の拠点となった

図 9-1-2　東海道の面影を残す愛知県知立市の国道１号に沿う松並木（大和田撮影）

図 9-1-3　岐阜県大垣市の宿場町であった水門川沿いの船町（冨田撮影）

図 9-1-4　岐阜県大垣市から望む伊吹山地と養老山地の狭隘部の関ヶ原（冨田撮影）

街である。

とくに参勤交代制度は，宿場町の発展に貢献した。小田原，静岡，掛川，浜松および豊橋は，宿場町として発展した都市である。とくに大垣（図 9-1-3）は，戦国時代の東西の要としての城下町であるが，関ヶ原の峠越えの宿場町でもあった（図 9-1-4）。これに対し，大井の宿は大井川を渡る宿場として栄えた町である。これらの街並みは，街道沿いに並ぶ宿が特徴的であるが，港町は中世の海岸部に面する河川沿いの船着場が基点となり，海や川に向かって延びる街筋が特徴である（中世都市研究会，1998）。その原型空間の港町が尾道であり，ヨーロッパ中

図 9-1-5　愛知県名古屋市中区に聳える名古屋城（橋本撮影）

図 9-1-6　愛知県犬山城を望む城下町の街並み（冨田撮影）

世都市の形態をうかがわせるような市場空間が設けられている。しかし，敦賀では街筋が海岸線に向かって延びているものの，敦賀城の築城を契機に近世的な港町空間が形成されたようである。

城下町は城を中心とした武家屋敷，商人，職人などの町屋から構成された都市で，南北朝の戦国期に入ると領地の争奪から城郭が造られるようになった。現在の県庁所在地の多くは城下町から発達したものであり，日本各地の城下町である100カ所以上がそれにあたる。岡崎城，大阪城，名古屋城は歴史的にも知られているが（図 9-1-5），石川県加賀百万石の金沢市，長野県の松本市，愛知県では犬山市（図 9-1-6），および平安京の京都市が城下町として観光の名所にもなっている。

9.2　公共交通機関とヒートアイランド強度

わが国の主要都市は，港湾都市と城下町との相互作用によるものが多いのに対し，ヨーロッパの都市においても，港湾都市と城郭都市および宗教との合体が多い。城壁に囲まれた旧市街地をもつドイツのフライブルクでは，環境維持に向けて車の乗り入れ規制やトラム（路面電車）の導入による排出ガス削減に向けた施策がなされている（図 9-2-1）。トラムは低床型で高齢者や乳児車の乗り降りがたやすく，排出ガスの削減にも効果を発揮している。また，線路沿いの芝生による緑被率を高める効果もある。

これは，中心市街地のヒートアイランドを弱めるための施策としては有効であると考えられる（望月，2001）。例えば，旧市街地とそれを取り囲む新市街地を単一の都市とした場合，旧市街地はヒートアイランドの三次元的な上限高度を抑え，ヒートアランド強度を弱める効果があるからであろう（森山編，2004；日本建築学会，2007）。

名古屋市も 1978 年当時からヒートアイランド強度が増してきたが（大和田編，1980），2000 年以降になってからは安定した状態が続いている。これは中心市街

図 9-2-1　環境に配慮したドイツのフライブルクの街並み（鳥居撮影）
トラムが透水性の路面を走り，側溝には清水が流れている．

図 9-2-2　戦後の都市計画によって建設された名古屋市中区若宮大通（通称 100m 道路）（三輪撮影）

地の電線の地中化によって街路樹が生長し，緑陰率が高まったことが要因として挙げられる（名古屋市，2011）。また，それを促したのは第二次世界大戦で消失した旧街路を大幅に見直し（図 9-2-2 ），100m 道路などのモータリゼーションを予測した碁盤状の道路配置がなされたことも見逃せない（名古屋市，2013)。その結果，都市中心部の上昇気流が抑えられ，クロスオーバーポイントが低くなっている可能性もある。

名古屋市の路面電車の歴史は古く，1898 年（明治 31）に運行が開始されたが，1974 年（昭和 49）に廃止されている。現在は，地下鉄を除く公共交通機関はバスである。しかし，地下鉄駅のエレベーターやエスカレーターが十分に完備されていない現状では，上り下りする階段が高齢者や身体的弱者にとって優しいとはいいがたい。

9.3　トラムの街ヘルシンキとバス路線の街トゥルクの概要

ヨーロッパの各都市にみられるトラムは，乗り降りが楽で利用価値が高く，外の景色を見ながら停車駅を確認することもできる。また，バス路線に比較して路面電車は排出ガスを出さない利点がある（望月，2001)。これを都市気温に置き

図 9-3-1　フィンランドの港湾都市として発展したヘルシンキ（大和田撮影）

換えるならば，公共交通機関がトラムを中心にした街と，排出量の多いバス路線主体の街との環境負荷の具体的な比較が必要である。しかし，都市気候の気候要素を決定する気候因子が類似していなければならない。それは，緯度帯は当然のことながら，都市の形成要因に違いがあっては単純な比較ができないからである。

フィンランドの首都ヘルシンキは北緯 60 度 10 分，東経 24 度 56 分にあって，人口約 61.6 万人（2013 年現在）であるが，周辺の住宅地域を含めた都市的人口は 117 万人に達するフィンランド最大の都市である。また，ヘルシンキはバルト海東部のロシアの旧都サンクトペテルブルク，バルト三国のエストニアの首都タリンと並ぶフィンランド湾に面する文化，教育，金融の中心としての港湾都市である（図 9-3-1）。

ヘルシンキは，1550 年に交易の街として創建されたが，18 世紀にはロシア・スウェーデン戦争で海軍の要塞であるスオメリンナをロシア軍が包囲して勝利し，当時首都だったトゥルクからヘルシンキに移行され，中心市街地はサンクトペテルブルクに似た構造になっている。

さらに，1852 年にはヘルシンキ大聖堂が建てられ（図 9-3-2），1952 年に開催されたヘルシンキオリンピックを起爆剤として都市化が進展した。その都市計画の中心をなすのがヘルシンキ元老院広場やフィンランド政府宮殿であり，ヘルシンキの中心市街地は，ヘルシンキ中央駅前から南端の海に面した海岸部のカイ

図 9-3-2　ヘルシンキ大聖堂（大和田撮影）
フィンランドがスウェーデンからロシアの支配にかわり，首都がトゥルクからヘルシンキに遷都された歴史的過程において建造された.

図 9-3-3　フィンランドの中心市街地の基点となるヘルシンキ中央駅（細野撮影）

ヴォ公園までが約 2km（図 9-3-3），元老院広場のある中心市街地北東部のヘルシンキ大聖堂までは約 500m である。また，マーケット広場のあるエテラ港までは直線距離で約 1.3km である。その近くにはウスペンスキー寺院があって，中央駅の北西部を除く市街地は道路が碁盤状をなしている。また，ヘルシンキ中央駅の北側にはエラインタルハ湾，ヘスペリア公園があって，オリンピック競技場までは自然と緑豊かな空間をなしている。

ヘルシンキの公共交通機関はヘルシンキトラム，地下鉄が主であるが，バスや

図 9-3-4　フィンランド・ヘルシンキの重要な公共交通機関であるトラム（細野撮影）
近年は，旧型から新型車両への移行が進められ，乗り降りがしやすい低床車両が増えている．

近郊列車，フェリーは周辺都市との重要なアクセス手段となっている。とくにヘルシンキトラムは 1891 年に開業した路面電車で，ヘルシンキ市交通局が管理する総延長 96km，路線数は 9 路線で 13 系統が運行されている。現在は旧型車両から低床の新型車両への移行を進め，1 日の利用者数は 20 万人に達している（図 9-3-4）。

図 9-3-5　フィンランド・旧首都にあるトゥルク城（大和田撮影）

これに対し，フィンランドの南西部に位置するトゥルクは，北緯 60 度 27 分，東経 22 度 16 分に位置し，バルト海に面するフィンランド最古の港湾都市である。かつては主要なハンザ同盟都市として栄えた人口約 17.9 万人（2012 年現在）の旧首都でもある。港の近くにはトゥルク城（図 9-3-5）があって，市内をアウラ川が流れている。

さらに，トゥルク中心部のアウラ川沿いには，カフェやレストランが立ち並び

図 9-3-6　フィンランド・トゥルクの中心市街地を流れるアウラ川に沿うレストランやカフェ（大和田撮影）

トゥルクの中心市街地を流れるアウラ川沿いは市民の憩いの場となっている．

図 9-3-7　フィンランドの旧首都のトゥルク大聖堂

（大和田撮影）

図 9-3-8　フィンランドの旧首都トゥルクのマーケット広場横のバスターミナル

（大和田撮影）

ヘルシンキのトラムに対し，トゥルクのおもな公共交通機関はバスである．

(図 9-3-6)，中世の面影が残存するトゥルク大聖堂が街のシンボルとなっている(図 9-3-7)。市の中心部に位置するマーケット広場に沿う幹線道路には，バスターミナルからの多くの路線バスが行き交い，市域のおもな公共交通機関になっている（図 9-3-8)。これはトゥルクにもトラムが導入されていたが，1972 年に廃止されたからである。

9.4　トラムの街ヘルシンキのヒートアイランド

観測は，市街地中心部およびその周辺部にもロガーを配置し，サーミスター温度計による移動観測である。2015 年 7 月 30 日の最高気温出現時を中心にして観測を実施したのだが，バルト海に面するヘルシンキは早朝に気温が高くなる傾向があり, 27.0℃まで上昇した。日中は 20.0℃前後で大きな気温変化はみられなかった。快晴とまではいかないが，天気は晴れのち曇りの状態である。しかし，北緯 63 度に近いバーサからキッテレにかけては前線の影響で雨が降っていた。北緯 70 度に近いイヴァロからイナリでは，ロシアの北極圏に近いウラル山脈付近に中心をもつ低気圧から延びる前線の影響によって，天候は優れていなかった。この季節の北極圏は，低気圧や前線の影響で天候に恵まれることは少ないのが特徴である。このため，観測日のラップランドの気温は，15.0℃前後でヘルシンキに比較して 5.0℃以上も低かった（図 9-4-1)。

図 9-4-2 は，ヘルシンキ中心市街地におけるヒートアイランド分布を表したものである。ヘルシンキの中心市街地で気温が高く現れたのは，ヘルシンキ中央駅前のカイボク通りからマーケット広場に続くプラナーディ通りの南（図 9-4-3)，アレクサンデン通りの先にあるウスペンスキー寺院，およびヘルシンキ大聖堂を含む市街地北東部の広い範囲が 19.0℃，また，市街地南部のフィンランド建築博物館，およびアート・デザイン博物館の近くのラタ通りからテラッカ通りにかけて 19.0℃以上であった。とくにヘルシンキ中央駅前からソコス・ヘルシンキホテル，ヘルシンキ大学図書館にかけてのアレクサンテリン通りを中心とする繁華街，および南部のミカエル教会付近では 20.0℃以上と最も気温が高く現れた。

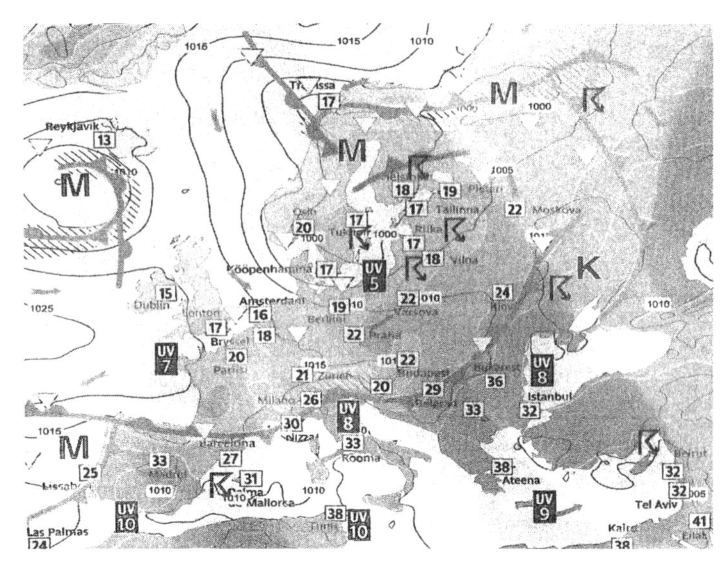

図 9-4-1　フィンランド・ヘルシンキでヒートアイランドの観測を実施した日（2015 年 7 月 30 日）の気圧配置

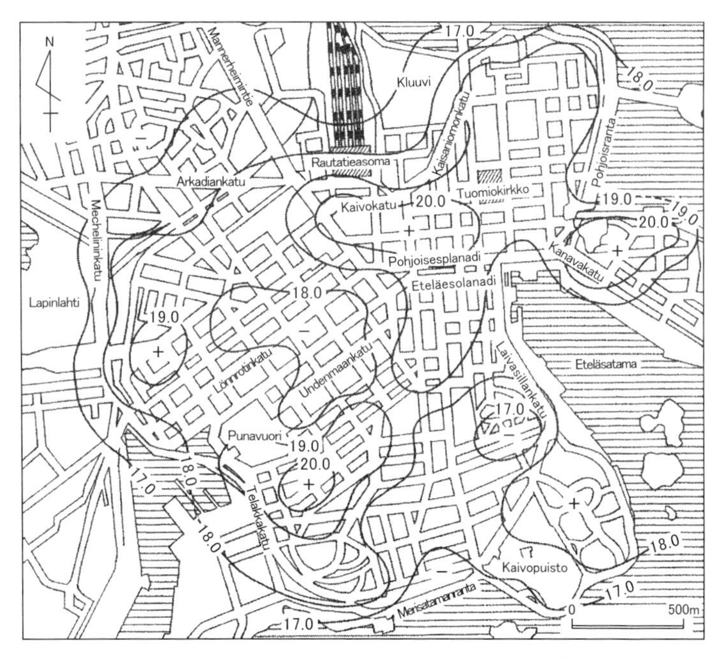

図 9-4-2　フィンランド・ヘルシンキにおける夏季日中（2015 年 7 月 30 日 12 時 30 分）のヒートアイランド分布（℃）

図9 4 3　フィンランド・ヘルシンキ中央駅からマーケット広場に続くエスプラナーディ通り（恩田撮影）

図 9-4-4　フィンランド・ヘルシンキの夏季の日中に気温が低めに現れた南東部のカイヴォプイスト公園周辺（神谷撮影）

これに対し，相対的に気温が低かったのは中心市街地の周辺部で，17.0℃以下である。また，マーケット広場からスオメンリンナに向かう乗船場のある湾の周辺は 18.0℃以上であるが，中心市街地南西部のバンハ教会を含むウンデンマーン通り付近では，18.0℃以下と気温が低めであった。とくに南東部のドイツ教会を含む天文台のある緑地帯では 17.0℃以下であり，天文台付近の気温は中心市街地周辺とほぼ同じである（図 9-4-4）。したがって，ヘルシンキ中央駅からアレクサンテリン通りに続く繁華街の高温域との気温差，すなわちヒートアイランド強度は3.0℃であった。

9.5　バス路線の街トゥルクのヒートアイランド

トゥルクとヘルシンキとの都市構造の違いは，トゥルク駅は市の北西部にあって，市街地の中心部を北東から南西にかけてアウラ川が流れていることである（図9-5-1）。このため，トゥルクの中心市街地は，北東から南西に流れるアウラ川に沿って碁盤目状に発達しているが，道路区画も河川に沿ったものになっている（図9-5-2）。

おもな道路は，トゥルク駅からアウラ川対岸に続くコウル通り，およびこの通りと平行したプイスト通りで（図9-5-3），道路沿いにはミカエル教会，マリーナ・パレスがあり，橋を渡った対岸には生物学博物館，ヴァイノ・アールトネン美術館があって，緑豊かな高台となっている。また，市街地西部にはトゥルク城，トゥルク港駅があり，アウラ川に沿うリンナン通りには対岸と結ぶ市営の無料フェリーがあって，市民の足として利用されている（図9-5-4）。

市街地の中心はアウラ通り沿いのマーケット広場であるが，バスターミナルとしての役目も果たしている。これらの中心市街地に対しアウラ川の左岸は博物館が多くあって，緑の丘をなしているが，アウラ川沿いに上流に向かうとトゥルク

図9-5-1　フィンランド旧首都トゥルクの中心部を流れるアウラ川（大和田撮影）

図 9-5-2 フィンランドの旧首都トゥルクのアウラ川に沿う碁盤目状の道路区画（大和田撮影）

図 9-5-3 フィンランドの旧首都トゥルク駅からアウラ川に向かう主要道路のプイスト通り（大和田撮影）

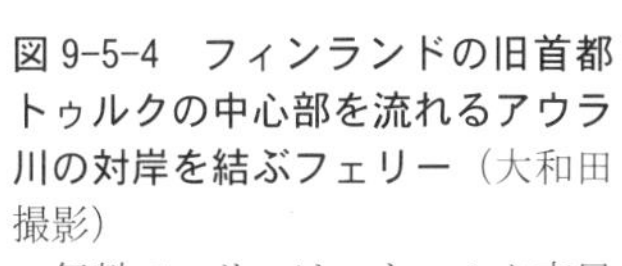

図 9-5-4 フィンランドの旧首都トゥルクの中心部を流れるアウラ川の対岸を結ぶフェリー（大和田撮影）

　無料フェリーは，トゥルク市民の貴重な足となっている．

大聖堂，シベリウス博物館があって，これらを取り囲む公園が広がっている。したがって，トゥルクの中心市街地の北西～南東断面は，アウラ川を挟んで凹地状

図 9-5-5　フィンランドの旧首都トゥルクでのヒートアイランド観測風景
（観測者は大和田道雄）（神谷撮影）
気温はサーミスター温度計による移動観測であり，
定点は市街地中心部にデーターロガーを設置した．

をなしているため，ヒートアイランドが分断されることが予想される。

トゥルクで観測を実施したのは，2015 年 8 月 1 日である。観測方法はヘルシンキと同様に，ロガーを設置して定点とし，移動観測中の気温変化を時刻補正した（図 9-5-5）。この日は（図 9-5-6），フィンランドの北緯 63 度付近に前線が停滞していて，トゥルク以外は不安定な天気だった。また北緯 66 度 33 分以北のラップランドでも，北から南に張り出す前線が停滞していて亜寒帯からの寒気に包まれたため，天候は曇りか雨で気温も 10.0℃前後であった。しかし，前線の影響を受けないフィンランド南部では晴れていた。また，7 月 30 日に実施したヘルシンキの観測時に比較して気温は低めであり，15 時の段階では 7 月 30 日に比較して 2.0℃低い 18.0℃であった。したがって，高緯度側との気温差は 8.0℃以上にも達したのである。

観測の結果，高温域が現れたのはトゥルク駅操車場の東側から中心市街地のマーケット広場を含むアウラ川右岸の広い範囲，左岸地域，および南東部の丘陵上にあるトゥルク大学周辺の市街地東部である。これらの高温域の中心部では 23.0℃以上に達し，高温域がアウラ川によって分断されている（図 9-5-7）。これは，アウラ川に沿って吹き込む海風の影響によってヒートアイランドが抑制され

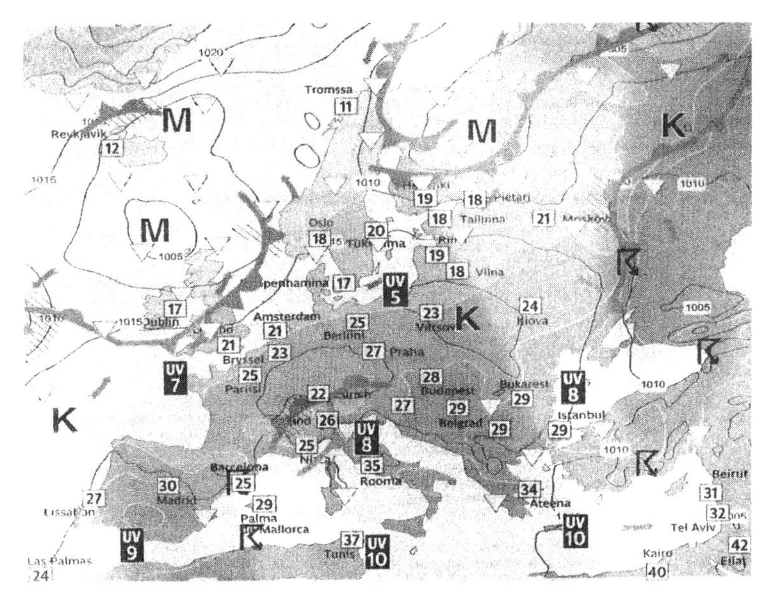

図 9-5-6　フィンランド・トゥルクでのヒートアイランド観測日（2015 年 8 月 1 日）の気圧配置

図 9-5-7　フィンランドの旧首都トゥルクの中心市街地にあるマーケット広場
（大和田撮影）

たものと思えるが（橋本・堀越，2003；橋本ほか，2005），美術館や博物館，大学などの歴史的建造物が集中していることもあり，ヒートアイランドの影響を強く受けていることがわかる（図 9-5-8）。

これに対し，市街地南西部では 20.0℃以下であり，トゥルク城が位置するアウラ川河口付近，およびトゥルク駅の北部にあたる郊外地域では 18.0℃に満たなかった（図 9-5-9）。したがって，中心市街地と郊外地域とのヒートアイランド

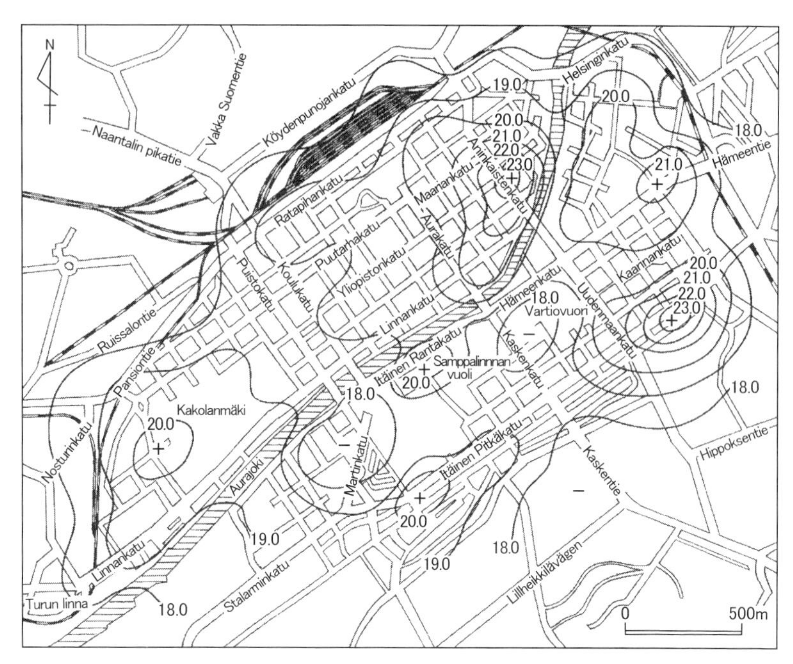

図 9-5-8　フィンランド・トゥルクにおける夏季日中
（2015 年 8 月 1 日 12 時 16 分）のヒートアイランド分布（℃）

図 9-5-9　気温が低く現れたフィンランド・トゥルク北部のトゥルク駅裏（大和田撮影）

強度は5.0℃以上であり，ヘルシンキを上回る結果となった。このようなヘルシンキとトゥルクのヒートアイランド強度の比較は，ある一定期間設置したロガーの解析結果からも明らかであり，一時的な現象でないことは確かである。

（大和田道雄・冨田宗治・細野正俊・神谷俊彦）

X　今後の都市のあるべき姿

10.1　都市の緑化対策

地球温暖化に伴う都市の高温化は，止まることを知らない状況にあることは事実である。したがって，いろいろな立場からの環境改善に向けての提言がなされている。日本建築学会（2007）では，ヒートアイランドの対策と課題として地域の気候風土に合った都市計画の必要性があることを提言している。具体的には緑化対策，建材，壁面緑化（図 10-1-1），人工排熱システム等である。とくに近年取り沙汰されているのは都市の緑化であり，中規模都市では緑被率が 30%以

図 10-1-1　名古屋市北区名古屋市立西部医療センターに設置された壁面緑化（細野撮影）

図 10-1-2　名古屋市西区庄内川右岸に位置する浮野町の生産緑地（冨田撮影）

上とされているが（福岡編，1995），都市開発や宅地化による生産緑地（図 10-1-2）および農地の売却によって，各都市の緑被率は減少傾向にある（名古屋市，2011）。

村上ほか（2012）は，ヒートアイランドの緩和策として，緑被率を高めることが有効であるかどうかについての検討を行った。また，福岡（2007）は猛暑で知られる埼玉県熊谷市において，緑地効果の検証を実施した。その結果，都市環境の維持には水と緑の役割が重要であることが証明された。

さらに，山口（2009）はヒートアイランドと都市の緑化との関係を，東京都を例に挙げて検証している。とくに屋上緑化や壁面緑化，校庭緑化，駐車場および軌道緑化についての効果を，東京都環境部の職員として都の資料，観測調査を踏まえて検証している。このような行政側からの緑地対策への提言は，ヒートアイランドの抑制や都市環境の保全について研究する者として心強い限りである。また，大和田ほか（2007）は，名古屋市を例にした緑被率と熱帯夜との関係を求め，緑地効果を実証した。

10.2　トラム化の推進

ヨーロッパの主要都市では，フライブルクをはじめとしてトラム化を推進する（図 10-2-1）なかで，軌道緑化が透水面積や緑被率の拡大に重要な役割を果たしている。今回，緯度帯が同じで港湾都市として発展してきたフィンランドの首都ヘルシンキと旧首都のトゥルクは，市街地の公共交通機関が対照的な都市である。すなわち，ヘルシンキがトラム（図 10-2-2），トゥルクはバス路線が主体となっている。この 2 つの都市は人口規模が異なるにもかかわらず，ヘルシンキのヒートアイランド強度がトゥルクを下回った。したがって，中心市街地のトラム化はヒートアイランド強度の抑制策として有効である。また，トラム化によって軌道緑化が可能となり，都市の緑被率の向上にもつながると考えられる。

わが国でも以前は路面電車が多く使われていたのであるが，モータリゼーションの時代を迎え，次々と廃止されたことは今も記憶に残っている。路面電車の廃止にあたり，記憶に留めようと最後の花電車を見に行ったものである。当時は自動車の交通量も多くなく，道路も広がって郊外とのバス路線も完備して便利になったと思われたが，ローカル線の撤退，地方の過疎化によって，バス路線も減

図 10-2-1　ドイツ・フライブルクの軌道緑化（鳥居撮影）

図 10-2-2　フィンランド・ヘルシンキの軌道緑化（冨田撮影）
トラムの軌道は緑化対策にも役立てられている．

少傾向となった。

都市への一極集中化は都市規模を拡大し，ヒートアイランド強度が増す結果となっている。望月（2001）は，フランスが 21 世紀の都市政策として，路面電車を推進していることの実例を挙げている。フランスの都市では 19 世紀に路面電車が導入され，1930 年頃には最盛期を迎えたが，1966 年にはヴァレンシエンヌ，マルセイユ，サンテチエンヌの 3 都市を除くすべての都市で路面電車は廃止された。その結果，車依存型社会となってからは都心部の慢性的な渋滞と走行速度の低下，騒音，大気汚染問題から脱却するためのトラム化行政が進められてきているという。

フランスのストラスブールでは，都市整備の道具としてトラムを導入し，アクセスや環境のみならず，現代トラムによる活気ある街づくりに成功した。近年，ヨーロッパの各都市では，地下鉄からトラム化の流れを受けて低床型の高齢者に優しい公共交通機関を目指しており，環境にも配慮した都市計画がなされているのである。

10.3　トラムと電気自動車の導入

また，大西洋岸の先進型都市であるフランスのラロシェルでは，トラムに加えて電気自動車の導入を活発化させているという（望月，2001）。わが国はトヨタ自動車が開発したハイブリッドカーの先進国であり，モータリゼーションに向けて道路の拡幅化も進んでいる。したがって，今後はトラム化の推進による大気環境濃度の軽減，および高齢化社会に向けての低床型トラムの導入，軌道緑化による緑被率の回復に加え，ハイブリッドカーおよび電気自動車，排ガスを出さない水素自動車を推進する必要がある。

地球温暖化に伴って，我々の生活は厳しい環境に曝されるようになった（吉野，2013）。すなわち，異常猛暑と熱波である。熱波で人が死ぬ時代になった今，地球温暖化に伴う都市の高温化を阻止するためには，過去に例をみないような都市構造改革を実行しなければならない（安藤ほか，2003，2004）。今後はトラム化を推進し，都市のヒートアイランド対策を実行することが重要である。その結果，都市環境の改善につながり，熱中症による死者を軽減することも可能となるのである。

（大和田道雄･大和田春樹）

おわりに

発刊にあたり，これまで御指導いただいた恩師，（故）吉野正敏筑波大学名誉教授に心からの感謝と共に御冥福をお祈り致します。

著書名を『都市環境の気候学』としたのは，地球温暖化による気候変動が都市の気候や生活環境に及ぼす影響を論じたかったからである。出版にあたり，これまで調査・観測に協力いただいた愛知教育大学地理学教室，総合理学地球環境領域，地学教室大和田研究室の学生諸氏，卒業生に深く感謝すると共に，編集および出版に御協力いただいた古今書院の橋本寿資社長，ならびに編集部の長田信男氏，査読・校正をしていただいた名古屋市環境局の高木麻理氏，研究会事務局で図版の解析，清書を担当した名鉄学園の恩田佳代子氏に心から感謝の意を表したい。

編著者代表　大和田道雄

参 考 文 献

〔**A**〕

赤塚　慎・宇野　忠・堀内雅弘（2014）：山梨県における熱中症発生の地域特性．日本生気象学会雑誌，51(1)，23–36．

安藤　満・山元昭二・浅沼信治（2003）：温暖化による熱ストレスと熱中症．地球環境，8，211–219．

安藤　満・山元昭二・浅沼信治（2004）：地球温暖化と熱中症．日本生気象学会雑誌，41(1)，45–49．

荒川秀俊・常岡好枝（1960）：不快指数．天気，7(1)，6．

荒川秀俊（1969）：東京の都市化と湿度・温度の変り．天気，16，23–25．

荒川秀俊・片桐勝男・常岡好枝・貝山久子・吉見則子（1970）：日本の大都市における気温と湿度の経年変化．天気，17，37–39．

新矢博美・野々村真美・中井誠一・芳田哲也・寄本　明（2010）：乳幼児における熱中症死亡事故の発生実態．日本生気象学会雑誌，47(3)，s52．

有賀　徹（2010）：熱中症発生の機序と応急処置．安全と健康，11，20–24．

東　栄一（2009）：東京都における高齢者熱中症患者重篤化の特徴と背景因子．日本臨床救急医学会雑誌，12，306–311．

〔**B**〕

Bemmelen, W.（1992）：Land-und Seebrise in Batavia. *Beitr. zur Phys. D. fr. Atm.*，10，169–177.

卜蔵健治・平野　貢（2003）：「ヤマセ」と宮沢賢治とその周辺．天気，50(2)，35–41．

Bornstein, R. D.（1968）：Observations of the urban heat island effect in New York City. *Jour. Appl. Met.*，7，575–582.

〔**E**〕

戎　五郎（2008）：高齢者の脱水と経口補水療法．*Geriatric Medicine*（老年医学），46，577–581．

〔**F**〕

藤部文昭（1998）：関東内陸域における猛暑日数増加の実態と都市化の影響についての検討．天気，45，643-653．
藤部文昭（1999）：日最低・最高気温の統計値における日界変更の影響．天気，46，819-830．
藤部文昭（2000）：日最低・最高気温の階級別日数（冬日・熱帯夜など）における日界変更の影響．天気，47，245-253．
藤部文昭（2004）：日本における近年の著しい夏季高温の発生状況．地理学評論，77，119-133．
藤部文昭（2007）：都市のヒートアイランド．天気，54(1)，9-12．
藤部文昭（2009）：日本の近年の気温変化における都市高温化の検出．*International Journal of Climatolgy*，31(2)，162-173．
藤部文昭（2010）：暑熱（熱中症）による国内死者数と夏季気温の長期変動．天気，60(5)，371-381．
藤部文昭（2012）：『都市の気候変動と異常気象－猛暑と大雨をめぐって－』朝倉書店，178pp.
藤部文昭（2013）：暑熱（熱中症）による国内死者数と夏季気温の長期変動．天気，60(5)，15-25．
福井英一郎（1942）：本邦における体感気候．中央気象台彙報，19，429-441．
福岡義隆（1983）：都市の規模とヒートアイランド．地理，28(12)，34-42．
福岡義隆・高橋日出男・開發一郎（1992）：都市気候環境の創造における水と緑の役割．日本生気象学会雑誌，29(2)，101-106．
福岡義隆（1992）：『人間的尺度の地球環境』古今書院，156pp.
福岡義隆（1992）：『図説環境地理－地球環境時代の地理学－』古今書院，197pp.
福岡義隆編（1995）：『都市の風水土－都市環境学入門－』朝倉書店，166pp.
福岡義隆（2005）：『人間的尺度の地球環境（改訂版）』古今書院，160pp.
福岡義隆・松本　太・丸本美紀（2005）：都市の温暖化対策としての屋上緑化と特殊舗装面に関する微気象研究．日本農業気象学会関東支部誌，2，20-23．
福岡義隆（2006）：都市温暖化対策にとって緑化は緩和策や適応策となり得るのか．日本生気象学会雑誌，43(1)，51-56．
福岡義隆（2007）：日本一暑い熊谷を緑地が体感的に緩和できるか．日本生気象学会雑誌．44(4)，115-118．
福岡義隆（2008）：『健康と気象』成山堂書店，171pp.
福岡義隆・中川清隆編（2010）：『内陸都市はなぜ暑いか－日本一高温の熊谷から－』成山堂書店，158pp.
福岡義隆（2011）：『ホントに緑は猛暑を和らげるか－植物気候学への誘い－』成山堂書店，128pp.

布施　明・坂　慎弥・布施理美・荒木　尚・金　史英・宮内雅人・横田裕行（2014）: 気象データから熱中症救急搬送者数を予測する．日本救急医学会雑誌，25，757–765.

〔G〕

Graham, N. E. (1994)：Decadal-scale climate variability in the tropical and North Pacific during the 1970s and 1980s：Observations and model results，*Climate Dyn.*，10，135–162.

〔H〕

浜田　崇・三上岳彦（1994）：都市内緑地のクールアイランド現象－明治神宮・代々木公園を事例として－．地理学評論，67(8)，518–529.

半田真理子・石坂健彦・松本　茂（1995）: 生態学的観点からみた沿道緑地に関する一考察．道路と自然，22，4，34–38.

原沢英夫（2003）：地球温暖化の影響問題．吉野正敏・福岡義隆編：『環境気候学』東京大学出版会，77–89.

原薗芳信・清田　信・矢吹万寿（1992）: 林地と造成された芝地の熱環境及び水収支の特徴．農業気象，48(2)，147–155.

橋本　剛・舩橋恭子・宮本　敦・渡辺慎一・鄭　椙元・堀越哲美（1995）：名古屋市における海風の運河遡上効果に関する研究．日本建築学会東海支部研究報告集，313–316.

橋本　剛・堀越哲美・渡辺慎一・鄭　椙元（1995）：名古屋市における運河を利用した風の道に関する研究．日本建築学会大会学術講演梗概集，579–580.

橋本　剛・荒木孝一・堀越哲美（1995）：名古屋市における運河を遡上する海風の熱緩和効果．日本生気象学会雑誌，32(3)，875.

橋本　剛・堀越哲美（1996）：名古屋市における運河を利用した風の道に関する研究，その4．日本建築学会大会学術講演梗概集，575–576.

橋本　剛・舩橋恭子・堀越哲美（2001）：海風の運河遡上による都市暑熱環境の緩和効果－名古屋市の堀川及び新堀川における事例－．日本建築学会計画系論文集，545，65–70.

橋本　剛・堀越哲美（2002）：都市近郊に位置する河川の都市暑熱環境緩和効果．日本建築学会東海支部研究報告，505–508.

橋本　剛・堀越哲美（2003）: 名古屋市近郊に位置する庄内川及び新川の海風の「風の道」としての働き．日本建築学会環境系論文集，571，55–62.

橋本　剛・堀越哲美・田中稲子（2005）：名古屋市堀川を遡上する海風が都市気候形成に及ぼす影響．日本建築学会東海支部研究報告，469–472.

畑江敬子（2003）：食物と気候．吉野正敏・福岡義隆編：『環境気候学』東京大学出版会，148–159.

保刈和也・近藤裕昭・亀掛川幸治・井原智彦（2015）：名古屋市における人工排熱量の推定とその気温影響解析．日本ヒートアイランド学会論文集，10，6–14.

本田　靖・高橋　潔（2009）：熱ストレスの健康影響．地球環境，14(2)，257-262.
堀江正知（2009）：『熱中症を防ごう，熱中症予防対策の基本』中央労働災害防止協会，135pp.
堀江正知・川浪祥子・砂田健一（2011）：暑熱環境と人間の生理．労働の科学，66，10-15.
堀江正知（2012）：職場における熱中症の予防．日本医師会誌，141，289-293.
星　秋夫・稲葉　裕（2002）：人口動態統計を利用した発生場所からみた暑熱障害の死亡率．日本生気象学会雑誌，39(1)，37-46.
星　秋夫・稲葉　裕（2002）：学校での運動時における外因性死亡の発生状況．体力科学，51，85-92.
星　秋夫・稲葉　裕（2004）：新聞記事を用いた暑熱障害発生のリスク要因．日本生気象学会雑誌，40，273-283.
星　秋夫・稲葉　裕（2006）：暑熱障害発生における高齢者の特徴－新聞記事の事例から－．日本歯科大学紀要，35，69-74.
星　秋夫・稲葉　裕・村山貢司（2007）：東京都と千葉市における熱中症発生の特徴．日本生気象学会雑誌，44(1)，3-11.
星　秋夫・中井誠一・金田英子・山本　享・稲葉　裕（2010）：わが国における熱中症死亡の地域差．日本生気象学会雑誌，47(4)，175-184.
Howard, L.（1837）：*Seventh lectures on meteorology*. J. Lucas, Printer, Market-Place, Ponteract, 138+xlvii.

〔**I**〕
今堀琢士・橋本　剛・宮本　敦・宮本征一・堀越哲美（1996）：都市内河川に接した緑地，及び市街地における温湿度環境の形成に関する研究．日本建築学会東海支部研究報告集，389-392.
井幕知伸・堀越哲美（2011）：日本における夏季不快指数の経年変化と分布に関する研究．人間生活環境系学会，人間と生活環境，18(2)，67-82.
稲葉　裕（2003）：疾病と気候．吉野正敏・福岡義隆編：『環境気候学』東京大学出版会，183-194.
井野英雄・根山芳晴（1972）：海陸風の研究．天気，19(6)，299-310。
井上芳光（2004）：子どもと高齢者の熱中症予防策．日本生気象学会雑誌，41(1)，61-66.
IPPC（1990）：*Climate Change;The IPCC scientific assessment*. Cambridge Univ. Press.
IPCC（1996）：*Climate Change 1995;The Science of Climate Change*. J. T. Houghton, L. G. Meira Filho, B. A. Callander, N. Harris, A. Kattenberg and K. Maskellend., Cambridge Univ. Press, Cambridge, 572pp.
IPCC（2002）：*Climate Change 2001;The scientific basic. Technical summary of the Working Group I report*. Cambridge Univ. Press.

IPCC（2007）: *Fourth Assessment Report Climate Change 2007*. Jeffrey Masters, Ph. D. Director of Meteorology, Weather Underground, Inc. Cambridge Univ. Press.
IPCC（2013）: *Fifth Assessment Report Climate Change 2013. The Physical Science Basis. Contribution of Working Group I to the Fifth Assessment Report of the Intergovemmental Panel on Climate Change*. Cambridge Univ. Press.
入来正躬（1995）:『体温調節のしくみ』文光堂，307pp.
入来正躬（1996）: 老年者の体温と調節機構．老化と疾患，9，15-22.
入来正躬・安藤　満（1999）: 地球温暖化の健康への影響．科学，69(7)，639-644.
入来正躬・橋本眞明（2006）: 熱中症発症の地域差－山梨県と北海道の比較から－．日本生気象学会雑誌，43(1)，23-33.
一ノ瀬俊明（1993）: シュツットガルトにおける「風の道」－都市計画で都市気候を制御する試み－．天気，40(9)，31-33.
一ノ瀬俊明（2003）: 都市計画と風の道．吉野正敏・福岡義隆編:『環境気候学』東京大学出版会，231-238.
井藤英喜（2011）: 熱中症と高齢者の健康．*Aging & Health*，4，6-7.
泉　岳樹・岡部篤行・貞広幸雄（2000）: 都市ヒートアイランド現象のシュミレーションモデルと循環型社会に関する若干の考察．総合都市研究，71，87-107.

〔**K**〕
梶井文子・杉山みち子・五味郁子（2006）: 在宅虚弱高齢者における脱水症状と水分摂取状況．聖路加看護大学紀要，32(3)，43-50.
神山恵三（1961）: 体感温度．気象研究ノート，12，214-248.
環境情報科学センター（2011）: 平成22年度熱中症とヒートアイランド現象の関係解析調査業務報告書，環境科学情報センター，84pp.
環境再生保全機構（2010）: 道路緑化編.
環境省（2001）: 地球温暖化の日本への影響.
環境省（2003）: 効果的なヒートアイランド対策.
環境省（2005）: 平成16年度ヒートアイランド現象による環境影響に関する調査検討業務報告書.
環境省（2007）: *WBGT*観測による熱中症予防情報の提供業務報告書.
環境省（2008）: 熱中症環境保健マニュアル.
環境省（2011）: 熱中症環境保健マニュアル（改訂版）.
環境省（2014）: 熱中症環境保健マニュアル2014.
片山　昭（1974）: 地球大気のエネルギー収支．システムと制御，18，10-18.
加藤智美（1996）: 都市内における大規模緑地の昇温緩和作用について．愛知教育大学総合理学コース地球環境科学領域卒業論文，1-64.
加藤内蔵進・劉　国勝・森　昌彦・武田喬男・牧原康隆（1997）: 1993年冷夏時の梅雨前線活動と水循環．気象研究ノート，189，72-140.

川原　貴（1986）：熱中症．臨床スポーツ医学，3，585–588.
川原　貴（1992）：スポーツ活動における熱中症事故予防に関する研究．平成3年度日本体育協会スポーツ医科学研究報告，3.
川原　貴・森本武利編（1994）：スポーツ活動中の熱中症予防ガイドブック．日本体育協会.
川原　貴（2002）：スポーツの功罪「スポーツによる熱中症とその予防」．成人と生活習慣病，32，307–312.
川原　貴（2008）：熱中症．臨床スポーツ医学，26，390–396.
河村　武（1964）：熊谷市における気温分布の解析．地理学評論，37(5)，243–254.
河村　武（1964）：熊谷市の都市温度の成因に関する二，三の考察．地理学評論，37(10)，560–565.
河村　武（1977）：都市気候の分布の実態．気象研究ノート，133，26–37.
河村　武編（1979）：『都市の大気環境』（大気環境の科学3）東京大学出版会，185pp.
河村　武・朴　恵淑（1985）：体感気候から見た都市の気候．日本生気象学会雑誌，22，70.
河村　武・朴　恵淑（1986）：日本の諸都市の体感気候．日本生気象学会雑誌，23，34.
萱場桃子・中澤浩一・近藤正英・小野雅司・水口恵美子・杉本和俊・本田　靖（2013）：夏季における高齢者の夜間のエアコン使用に関する研究．民族衛生，79(2)，47–53.
菊池洋介・黒須勝美・阿部伸行・林　紀乃・畔柳三省・重田聡男・福永龍繁（2010）：東京都23区内における熱中症死者の経年的動向．日本法医学雑誌，64，141.
菊池洋介・谷藤隆信・阿部伸行・高橋識志・引地和歌子・宮下奈緒・林　紀乃・森　晋二郎・重田聡男・福永龍繁（2011）：2010年夏季の東京都23区内における熱中症死者の発生動向（速報）．日本法医学雑誌，65，121.
木本昌秀・宮坂隆之・荒井美紀（2005）：欧州熱波と日本の冷夏2003．気象研究ノート，210，155–160.
気象ハンドブック編集委員会編（1979）：『気象ハンドブック』朝倉書店，698pp.
気象庁（2002）：気候変動監視レポート2003（概要）.
気象庁（2013）：平成22年（2010年）～夏の極端な高温をもたらした要因の分析～，報道発表資料.
気象庁（2013）：平成25年（2013年）～夏の日本の極端な天候について～，異常気象分析検討会の分析結果の概要，報道発表資料.
気象庁（2016）：二酸化炭素濃度の経年変化.
北堂眞子・梁瀬度子・久保博子（2004）：暑熱環境下の夜間睡眠における微気流の冷却効果．人間工学，40，384–385.
北沢貞夫・森田良雄（1962）：前橋における夏季の快，不快指数と体感の関係．天気，9(5)，29–31.
Knutson, T. R. and S. Manabe（1995）: Time-mean response over the tropical Pacific to increased CO_2 in a coupled ocean-atmosphere model. *J. Climate*, 8, 2181–2199.
小林弘幸（2011）：緑被によるヒートアイランド現象の緩和効果について．第3回技術研究発表会，1-6.
国立環境研究所（2015）：熱中症発生数.
近藤裕昭・劉発華（1998）：1次元都市キャノピーモデルにおける都市の熱環境の研究. 大気環境学会誌，33，93-108.
厚生労働省（2005）：熱中症の予防対策における *WBGT* の活用.
厚生労働省（2009）：職場における熱中症の予防について.
厚生労働省（2013）：健康づくりのための身体活動基準2013. 運動基準・運動指針の改定に関する検討会報告書.
倉嶋　厚（1972）：『モンスーン－季節を運ぶ風－』河出書房新社，251pp.
黒川惇一・井奈波良一・井上真人・岩田博敏・松岡敏雄（2002）：建築解体作業従事者の夏期の自覚症状と暑熱対策. 日本職業・災害医学会誌，50，188-195.
Kusaka, H. and F, Kimura（2004）：Coupling a single-layer urban canopy Model with a simple atmospheric model：Impact on urban heat island Simulation for an idealized case. *soc. Japan*, 82，67-80.
日下博幸・木村富士男（2004）：都市気象モデルから見た熱帯夜の形成機構－都市の凹凸効果の検討－. 天気，51(2)，95-99.

〔**L**〕
Lau, N. C.（1997）: Interaction between global SST anomalies and the midlatitude atmospheric circulation. *Bull. Amer. Met.Soc*., 78, 21-33.
Liu X. Zhu Q., and Guo P.（2000）: Conversion characteristics between baroclinic circulations of the SAH in its seasonal evolution. *Advancers of Atmospheric Sciences*, 17，129-139.

〔**M**〕
丸田頼一（1972）：公園緑地の都市自然環境におよぼす影響. 都市計画，69・70，49-77.
正井泰夫（1971）：『都市の環境－日本の都市像－』三省堂，279pp.
松本　淳編（2002）：『東南アジアのモンスーン気候学』日本気象学会，320pp.
松本孝明（2011）：熱中症の予防と治療. 発汗学，18，34-38.
三上岳彦（1974）：北太平洋高気圧の経年変動. 地学雑誌，83，38-47.
三上岳彦（1982）：都市内部における公園緑地の気候. お茶の水女子大学人文科学紀要，35，21-36.
三上岳彦（2005）：『図解　何かがおかしい！東京異常気象』洋泉社，94pp.
三上岳彦（2005）：都市のヒートアイランド現象とその形成要因. 地学雑誌，114(3)，496-506.
三上岳彦（2006）：都市ヒートアイランド研究の最新動向－東京の事例を中心に－. *E-journal GEO*，1(2)，79-88.
三上岳彦（2006）：風と緑の効果と活用したまちづくり－東京都内の「風の道」とヒートアイランド効果－. 季刊環境研究，141，29-34.

三上岳彦（2008）:『都市型集中豪雨はなぜ起こるか？』技術評論社，186pp.
三上岳彦（2009）：都市内緑地のクールアイランド効果とその規模別影響評価．科学研究費補助金（基盤研究（B））研究成果報告書，平成 18-19 年度．
南　利幸（2004）：地球温暖化と熱中症の予報について．日本生気象学会，41(1)，41-44.
三坂育正・成田健一（2012）：熱中症リスクから見た都心部の街路空間気温特性．環境情報科学学術研究論文集，26，231-236.
三浦豊彦（1963）：日本の高温労働－熱中症小史－．労働科学，39(9)，437-456.
三浦豊彦・齋藤　一（1963）:『日本の高温労働－その実態と対策－』労働科学研究所出版部，289pp.
三浦豊彦（1985）:夏と暑さと健康－気候・気温と健康（下）－．労働科学研究所出版部，35-39.
三宅康史・有賀　徹（2006）：熱中症の病態と対策．綜合臨牀，55，1970-1975.
三宅康史（2010）：高体温・低体温，救急臨床検査．救急医学，34，919-924.
三宅康史（2011）：特殊病態での凝固・線溶異常，熱中症．救急医学，35，1851-1855.
三宅康史（2012）：災害に特徴的な症状と疾病，熱中症．最新医学，67(3)，785-803.
三宅康史編（2012）:『熱中症 *Review*，Q&A でわかる熱中症のすべて』中外医学社，153pp.
三宅康史（2013）：本邦における熱中症の現状とガイドラインの策定．麻酔，62 増刊，58-72.
溝口常俊（2015）:『名古屋地図さんぽ』風媒社，159pp.
水越允治（1965）：都市気温の分布と風との関係についての一考察．地理学評論，38(2)，92-102.
水越允治（1979）：身体と気候．福井英一郎・吉野正敏編 :『気候環境学概論』東京大学出版会，64-72.
水越允治（2004）:『古記録による 16 世紀の天候記録』東京堂出版，669pp.
水越允治（2006）:『古記録による 15 世紀の天候記録』東京堂出版，748pp.
水谷武司（2002）:『自然災害と防災の科学』東京大学出版会，224pp.
森山正和編（2004）:『ヒートアイランドの対策と技術』学芸出版社，206pp.
望月真一(2001):『路面電車が街をつくる－ 21 世紀フランスの都市づくり－』鹿島出版会，231pp.
村上暁信・佐藤理人・原山祐太郎（2012）：ヒートアイランド緩和効果から見た環境指標としての緑被率の有効性．日本都市計画学会都市計画論文集，47(3)，265-270.

〔**N**〕

名古屋地方気象台（2009）：ヒートアイランド監視報告（平成 20 年－東海地方）－東海地方におけるヒートアイランド現象の特徴を調査－，名古屋地方気象台報道発表資料，2009-5.

名古屋市（2008）:『緑化地域制度マニュアル』名古屋市緑政土木局，149pp.
名古屋市（2010）：名古屋市区別緑被率の変遷．名古屋市緑政土木局.
名古屋市（2011）：なごや緑の基本計画 2020．名古屋市緑政土木局.
名古屋市（2013）：都市計画概要 2013．名古屋市住宅都市局.
名古屋市（2016）：平成 27 年度緑被率調査結果．名古屋市緑政土木局.
中川清隆（2011）：わが国における都市ヒートアイランド形成要因，とくに都市ヒートアイランド強度形成に関する研究の動向．地学雑誌，120，255-284.
中井誠一（1993）：熱中症死亡数と気象条件－日本における 21 年間の観察－．日本生気象学会雑誌，30(4)，169-177.
中井誠一・新里寛英・森本武利（1996）：熱中症発生に関する疫学的検討－ 1990 年～1994 年の新聞記事にもとづく検討－．日本生気象学会雑誌，33(2)，71-77.
中井誠一（2004）：熱中症の発生実態と環境温度．日本生気象学会雑誌，41(1)，51-54.
中井誠一（2007）：熱中症の発生と環境条件．森本武利監修：『高温環境とスポーツ・運動－熱中症の発生と予防対策－』篠原出版新社，66-75.
中井誠一・新矢博美・芳田哲也・寄本　明・井上芳光・森本武利（2007）：スポーツ活動および日常生活を含めた新しい熱中症予防対策の提案，年齢，着衣及び暑熱順化を考慮した予防指針．体力科学，56，437-444.
中井誠一・寄本　明・芳田哲也（2007）:『高温環境とスポーツ・運動－熱中症の発生と予防対策－』篠原出版新社，94pp.
中井誠一（2008）：高齢者における熱中症の発生実態．*Geriatric Medicine*，46，583-587.
中井誠一（2011）：暑熱環境，新しい熱中症予防指針作成の提案．臨床スポーツ医学，28，75-78.
中井誠一（2012）：熱中症の疫学．日本臨床，70(6)，934-939.
中村和郎（1981）：地理学と風土．人類科学，34，21-43.
中村和郎・木村竜治・内嶋善兵衛（1986）:『日本の気候』岩波書店，237pp.
中村俊介・三宅康史・土肥謙二・森川健太郎・有賀　徹（2009）：重症熱中症による中枢神経障害．日本神経救急学会雑誌，21(2)，89-93.
中村俊介・三宅康史・奥寺　敬・北原孝雄・島崎修次・白石振一郎・坪倉正治・鶴田良介・横田裕行・有賀　徹（2014）：熱中症による中枢神経系後遺症に関する検討．日本救急医学会雑誌，25，408.
成田健一（2003）：ヒートアイランド対策としての緑地の機能－緑地での冷気生成・分布と都市気候への影響．緑の読本，26-31.
成田健一・三上岳彦・菅原広史・本條　毅・木村圭司・桑田直也（2004）：新宿御苑におけるクールアイランドと冷気のにじみ出し現象．地理学評論，77(6)，403-420.
成田健一・菅原広史・横山　仁・三坂育正・松島　大（2011）：皇居の冷気生成機能と周辺市街地への熱的影響に関する実測研究．日本建築学会環境系論文集，666，705-713.
根本正博・小林博和（2002）：ヒートアイランド対策技術の研究動向．科学技術動向，8，3-29.

日本建築学会（2007）:『ヒートアイランドと建築・都市対策のビジョンと課題』丸善，211pp.
日本救急医学会（2008）：熱中症の実態調査－ Heatstroke STUDY 2006 最終報告－．日本救急医学会雑誌，19，309-321.
日本救急医学会（2010）：本邦における熱中症の実態－ Heatstroke STUDY 2008 最終報告－．日本救急医学会雑誌，21，230-244.
日本救急医学会編（2011）:『熱中症－日本をおそう熱波の恐怖－』東京へるす出版，157pp.
日本救急医学会（2012）：本邦における熱中症の現状－ Heatstroke STUDY 2010 最終報告－．日本救急医学会雑誌，23，211-230.
日本救急医学会（2014）：熱中症の実態調査－ Heatstroke STUDY 2012 最終報告－．日本救急医学会雑誌，25，846-862.
日本救急医学会（2015）：熱中症診療ガイドライン 2015.
日本生気象学会編（1992）:『生気象学の事典』朝倉書店，447pp.
日本生気象学会（2008）：日常生活における熱中症予防指針 Ver1.
日本生気象学会（2009）：日常生活における熱中症予防指針．日本生気象学会雑誌，45，33-42.
日本生気象学会（2011）：日常生活における熱中症予防指針 Ver2.
日本生気象学会（2013）：日常生活における熱中症予防指針 Ver3 確定版.
日本スポーツ振興センター（2003）：熱中症を予防しよう－知って防ごう熱中症－.
日本体育協会（2006）：熱中症予防のための運動指針.
西村信也・鍋島美奈子・西岡真稔・谷口一郎・桝本慶子・野邑奉弘（2006）：ヒートアイランドから見た大阪市域におけるエネルギー供給の時間的特性．日本ヒートアイランド学会論文集，1，15-22.
西岡秀三・原沢英夫編（1997）:『地球温暖化と日本－自然・人への影響予測－』古今書院，256pp.
西浦伸明（2009）：名古屋市におけるヒートアイランドの現状と対策．愛知教育大学教育学部理科専攻地学領域卒業論文．1-56.
西沢利栄・山下脩二（1967）：大都市における日射量の減少について．東京教育大学地理学研究報告，11，53-63.
西沢利栄（1973）：都市気候－とくに Heat Island について－．科学，43(8)，487-494.
西沢利栄（1977）:『熱汚染』三省堂，222pp.
西沢利栄・山下孔二・鈴木守人（1979）：東京都心部における地温分布．地理学評論，52，283-292.
西沢利栄（1990）：Urban heat island 研究の歩みと今後の課題，都市化の進行に伴う都市気候の変化に関する研究．筑波大学地球科学系，1-8.

〔**O**〕

尾島俊雄（2002）:『ヒートアイランド』東洋経済新報社，157pp.

岡田　牧・日下博幸・高木美彩・阿部紫織・高根雄也・冨士友紀乃・永井　徹（2014）: 夏季における岐阜県多治見市の気温分布調査，天気，61(1)，23-29.

Oke. T. R.(1973): City size and the urban heatisland. *Atmospheric Environment*, 7, 769-779

Oke. T. R.(1976): The distinction between canopy and boundary-layer urban heat island. *Atmoshere*, 14, 268-277.

Oke, T. R. (1978): *Boundary Layer Climates*, Methuen Co. Ltd., 372pp.

Oke, T. R. (1997): Urban environments. In: *The surface Climates of Canada*. McGll Queen's Univ. Press, 301-327.

奥　勇一郎・桝元慶子（2014）: 大阪市における夏と冬のヒートアイランド現象の違いに関する観測的研究．日本ヒートアイランド学会論文集，9，1-12.

奥山真由美・村上生美（2007）: 睡眠環境および睡眠スタイルが高齢者の健康状況に及ぼす影響－脱水予防に焦点を当てて－．岡山県立大学平成19年特別研究報告書，19-24.

奥山真由美・西田真寿美（2012）: 高齢者の脱水症予防のケアに関する文献的考察．山陽論叢，19，83-91.

小野雅司（2009）: 地球温暖化と熱中症．地球環境，14(2)，263-270.

小野雅司（2012）: 2010年夏の熱中症，気象研究ノート，225，29-35.

小野雅司（2012）: 2010年の猛暑と熱中症．予報時報，8-11.

小野雅司（2012）: 気象条件・暑さ指数 *WBGT* と熱中症．日本医師会雑誌，141，305-309.

小野雅司（2014）: 通常観測気象要素を用いた *WBGT*（湿球黒球温度）の推定．日本生気象学会雑誌，50(4)，147-157.

大橋唯太・竜門　洋・重田祥範（2009）: 都市域のさまざまな活動空間での *WBGT* の比較．日本生気象学会雑誌，46(2)，59-65.

大橋唯太（2010）: 温熱指標．天気，57(1)，57-59.

大橋唯太・亀卦川幸浩・井原智彦（2011）: 数値気象モデルを利用した屋外熱中症リスクの評価手法に関する研究．環境情報科学論文集，25，335-340.

Okita, T. (1960): Estimation of direction of air flow observation of rime ice. *Jor. Met. Soc. Japan*, 38(4), 207-209.

大西暁生・曹　金・森杉雅史・奥岡桂次郎・井村秀文（2010）: 名古屋市中心地における空閑地緑化による都市熱環境緩和効果．日本都市計画学会都市計画報告集，8，176-180.

大阪管区気象台（1971）:『近畿の風』大阪管区気象台，170pp.

大和田道雄・冨田宗治（1978）: 夜間における規模別住宅団地の気温について．愛知教育大学地理学報告，47，177-187.

大和田道雄・稲垣裕子・山田裕則（1979）: 小規模住宅団地の気温と風の垂直的変化．愛知教育大学地理学報告，48，1-10.

大和田道雄編（1980）:『名古屋の気候環境』荘人社，181pp.
大和田道雄・橋本寿郎（1980）：豊橋平野における海風前線の移動について．日本気象学会春季大会予稿集，37.
大和田道雄（1982）：河川に沿う風の局地循環系の相互作用について．環境科学の諸断面－三井教授還暦記念論文集－，土木工学社，92-95.
大和田道雄（1983）：河川に沿う風の局地的循環系の相互作用について（第2報）．愛知教育大学地理学報告，56，172-182.
大和田道雄・大西友治（1986）：伊勢湾・三河湾岸地域における風の特性について (1). 1986年日本気象学会春季大会予稿集.
大和田道雄・石川義二（1987）：伊勢湾・三河湾岸地域における風の特性について (2). 1987年日本気象学会春季大会予稿集.
大和田道雄（1989）:『NHK暮らしの気候学』日本放送出版協会，218pp.
大和田道雄（1991）：名古屋市における不快指数の分布．日本生気象学会雑誌．28(3)，82.
大和田道雄（1992）：東アジアにおける最近12年間（1979-1990）の気圧配置型の季節と気候変化．愛知教育大学地理学報告，74，1-9.
大和田道雄・石川由紀（1993）：9019号台風による倒木から推定した伊勢湾岸地域の風．農業気象学会東海支部会誌，51，34-38.
大和田道雄・石川由紀・中村達博（1993）：伊勢湾岸地域における夏型気圧配置時のO_2濃度の分布と風の局地循環系の関係について．愛知教育大学地理学報告，77，15-26.
大和田道雄（1994）:『伊勢湾岸の大気環境』名古屋大学出版会，219pp.
大和田道雄・秋山祐佳里・大和田春樹（2001）：北半球における夏季の中緯度高圧帯の変動について．2001年日本地理学会春季大会予稿集.
大和田道雄・井上智亜（2002）：熱帯海域における海面水温の経年変動と亜熱帯高圧帯との関係について．2002年日本地理学会春季予稿集.
大和田道雄（2003）：グローバルに見た気候環境予測．吉野正敏・福岡義隆編:『環境気候学』東京大学出版会，111-122.
大和田道雄・畔柳洋子（2004）：北半球におけるZonal indexの季節別経年変動について．愛知教育大学研究報告．53，(自然科学)，57-65.
大和田道雄・石川由紀（2005）：東アジアにおける猛暑と冷夏の大気大循環場変動と気圧場解析．愛知教育大学地理学報告，100，19-28.
大和田道雄（2006）：地球温暖化による日本の地域気象・気候への影響について－名古屋の異常猛暑を例として－．愛知教育大学共通科目研究交流誌，教養と教育，6，7-15.
大和田道雄・深谷真美（2006）：都市域における局地豪雨の事例解析．2006年日本地理学会春季予稿集.
大和田道雄・石川由紀・畔柳洋子・大和田春樹（2006）：100hPa面における南アジア高気圧の盛衰と東西変動．愛知教育大学研究報告，55，自然科学編，23-28.

大和田道雄・中川由雅・岩田充弘・櫻井麻理・梅田佳子（2007）：名古屋市における熱帯夜の分布と緑地効果について．愛知教育大学研究報告，56，自然科学編，19-24.
大和田道雄・大和田春樹（2010）：名古屋市におけるヒートアイランドの変遷．日本地理学会発表要旨集，78，2010年度日本地理学会春季学術大会，209.
大和田道雄・松岡翔太朗・恩田佳代子（2010）：岐阜県多治見市における猛暑要因．日本地理学会発表要旨集，78，2010年度日本地理学会春季学術大会，210.
大和田道雄（2015）：気候変動に伴う豊田市の暑さの現状と課題．豊田市史研究，6，23-46.
大和田道雄・神谷俊彦・恩田佳代子（2016）：豊田市における豪雨災害地域の局地気候学的メカニズム．豊田市史研究，7，131-144.

〔**P**〕
朴　恵淑（1987）：日本と韓国の諸都市における都市規模とヒートアイランド強度．地理学評論，60，238-250.

〔**Q**〕
Qian Y, Zhang Q., Yao Y, and Zhang X. (2002): Seasonal variation and heat preference of the South Asia High. *Advancers of Atmospheric Sciences*, 19, 821-836.

〔**R**〕
Robert L. Hendrick (1959) : An Outdoor Weather - Comfort Index for the Summer Season in Hartford, Connecticut. *Bulletin of the American Meteorological Society*, 40(12), 620-623.
Rossi V. (1957): Land-und Seewind an dem Finnischen Kusten. *Mitt. Met Zentralans. Helsinki*, 4, 11-17.

〔**S**〕
榊原保志（1999）：長野県小布施町におけるヒートアイランド強度と郊外の土地被膜との関係．天気，46(9)，3-10.
榊原保志（2001）：都市表面からの顕熱供給と都市大気の混合が夜間ヒートアイランド形成に与える影響の比較．天気，48(5)，305-311.
榊原保志・北原祐一（2003）：日本の諸都市における人口とヒートアイランド強度の関係．天気，50(8)，41-49.
坂上　務（1972）：体感気候に関する研究．九州大学農学芸誌，26，293-308.
佐藤睦美（2010）：名古屋市におけるヒートアイランド形成地域の熱環境の実態と緑地効果．愛知教育大学教育学部理科専攻地学領域卒業論文，1-54.
Schwab, A. *et al.* (1996) : Proc. int. Conf. *Alpine Meteorol. Bled.*, 39-46.
千田嘉博（1998）：中世ヨーロッパの都市形成．中世都市研究会編：『都市をつくる』新人物往来社，155-175.

Strong, A. E., E. J. Kearns and K. K. Gjovig (2000): *Sea surface temperature signals from satellites - An update*. Geofhys. Res. Lett., 1667-1670.
菅野洋光（1994）：北日本（東北日本）の冷害．地理，39(6)，45-50.
菅原広史・成田健一・三上岳彦・本條　毅・石井康一郎（2006）：都市内緑地におけるクールアイランド強度の季節変化と気象条件への依存．天気，53(5)，393-404.
杉本　侃・吉岡敏治・橋本公昭（1980）：高温環境下の障害－いわゆる熱射病－，綜合臨牀，29，555-558.
鈴木義則（1992）：農業と気象災害．堀口郁夫ほか編：『新版 農業気象学』文永堂出版，211-214.

〔**T**〕

高橋日出男・福岡義隆（1994）：都市域における風速の鉛直分布とヒートアイランドの立体構造．地理学評論，67A(8)，530-550.
高橋百之（1959）：日本の中小都市における気温分布と家屋密度．地理学評論，32，305-313.
高根雄也・日下博幸・高木美彩・岡田　牧・阿部紫織・永井　徹・冨士友紀乃・飯塚悟(2013)：岐阜県多治見市における夏季晴天日の暑熱環境の実態調査と領域気象モデル WRF を用いた予測実験－物理モデルと水平解像度に伴う予測結果の不確実性の検討－．地理学評論，86(1)，14-37.
武田邦彦・池田清彦・渡辺　正・薬師院仁志・山形浩生・伊藤公紀・岩瀬正則（2007）：『暴走する「地球温暖化」論－洗脳・煽動・歪曲の数々－』文芸春秋，276pp.
田村憲司・小野雅司・安藤　満・村上正孝（1995）：救急搬送データによる熱中症の発生と気温．日本生気象学会雑誌，32，111-114.
Tanaka, M., T. Nakazawa and S. Aoki (1987): Seasonal and meridional variations of atmospheric carbon dioxide in the lower troposphere of the northern and southern hemispheres. *Tellus*, 39B, 29-41. Press. Cambridge, 572pp.
田中　博（2007）：『偏西風の気象学』成山堂書店，174pp.
外崎公知・川合史朗・所　功治（2012）：都心の緑地が有する夏季における夜間の冷却能力に関する研究．ランドスケープ研究，5，1-4.
Trenberth, K. E. and Hurrell, J. W. (1994): Decadal atomsphere-ocean variations in the pacific. *Climate Dyn*., 9. 303-319.
中世都市研究会編（1998）：『都市をつくる』新人物往来社，315pp.

〔**U**〕

梅木　誠（2008）：エルニーニョ現象に対する Battisti-Hirst 遅延振動モデルの解析（非線形波動現象の数理と応用）．数理解析研究所講究録，1594，159-165.
内嶋善兵衛（1984）：世界の気候と食糧生産 -1-．農業および園芸，53(1)，188-192.

〔**W**〕

和田　定（1992）:『水稲の冷害』養賢堂，261pp.

Wigley, T. M. I. and S. C. B. Raper（1995）: An heuristic model for sea level rise due to the melting of small glaciers. *Geophys. Res. Lett.*, 22, 2749–2752.

〔**Y**〕

Yaglou, c. p. and C. D. Minard（1957）: Control of heat casualties at military training centers. *Amer. Med. Assoc. Arch. Ind. Health*, 16, 304–314.

山口隆子（2009）:『ヒートアイランドと都市緑地』成山堂書店，120pp.

山川修治（1994）: グローバルにみた天気異変．地理，39(6)，28–37.

山川修治（1998）: 気候変動と異常気象．農林水産省農業環境技術研究所編 :『21 世紀の食糧確保と農業環境』養賢堂，68–89.

山川修治（2000）: 北日本における夏季天候の前兆を示すヤマセ予測指数について．気候影響・利用研究会，17，25–30.

山川修治（2003）: 気候システムの変動と日本の環境．吉野正敏・福岡義隆編 :『環境気候学』東京大学出版会，89–111.

山本武夫（1976）:『気候の語る日本の歴史』そしえて文庫，245pp.

山下脩二（1991）: 都市気候の諸問題と生活環境．日本生気象学会雑誌，28(3)，14.

山下脩二（2003）: ヒートアイランド．吉野正敏・福岡義隆編 :『環境気候学』東京大学出版会，
89–111.

安田喜憲（1987）: モンスーン大変動．科学，57，708–715.

安田喜憲（2001）:『環境考古学のすすめ』(丸善ライブラリー)，丸善，202pp.

安田喜憲（2003）: 欧米の古気候．吉野正敏・福岡義隆編 :『環境気候学』東京大学出版会，37–48.

安井春雄（1966）: 名古屋の酷暑について．天気，13(1)，59–65.

安成哲三（1989）: ユーラシア大陸の積雪と ENSO －氷雪・大気・海洋結合系の提唱－．地学雑誌，98(5)，83–92.

安岡正蔵・赤井正美・有賀　徹・斎藤　勇・渡会公治・川原　貴（1999）: 熱中症（暑熱障害）Ⅰ～Ⅲ度分類の提案，熱中症新分類の臨床的意義．救急医学，23(9)，1119–1123.

安岡正蔵・有賀　徹・豊田　泉ら（2003）: 熱中症Ⅲ度症候群，重症型熱中症の診断基準．日本神経救急学会雑誌，16，5–9.

横山太郎・福岡義隆（2006）: 日本各地における熱中症の発生頻度とその傾向に関する研究．日本生気象学会雑誌，43(4)，145–151.

芳田哲也（2015）: 日本における熱中症予防研究．日本生気象学会雑誌，52(2)，97–104.

吉野正敏（1961）:『小気候』地人書館，246pp.

吉野正敏・福岡義隆（1967）: 半旬別の気圧配置ごよみ．天気，14(7)，250–255.

吉野正敏（1968）:『気候学』地人書館，258pp.

吉野正敏・甲斐啓子（1975）：気圧配置ごよみの気候学，1941-1970．天気，22(4)，204-209.
吉野正敏（1977）：都市気候に関する最近の展望．気象研究ノート，33，1-78.
吉野正敏・甲斐啓子（1977）：日本の季節区分と各季節の特徴．地理学評論，50(11)，651-653.
吉野正敏（1978）：『気候学』大明堂，331pp.
吉野正敏（1979）：『世界の気候・日本の気候』朝倉書店，136pp.
吉野正敏（1983）：日本とその周辺の古気候復元．気象研究ノート，147，569-585.
Yoshino. M. (1984)：Climate and Agicultural Land Use in Agroclimatological problems in the Taklimakan Desert and its surrounding area in NW China. *Jour.Agric.Meteorol.*，61(1)，1-14.
吉野正敏（1997）：『中国の砂漠化』（愛知大学文學会叢書Ｉ），大明堂，301pp.
Yoshino. M. (1998)：Climate and food security - A review from monsoon Asia -.Global Environmental Research. *Global Environmental Research*，1(1/2)，49-58.
吉野正敏（1999）：『風と人びと』東京大学出版会，240pp.
吉野正敏・福岡義隆（2002）：『医学気象予報－バイオウェザー・病気と天気の不思議な関係』角川 one テーマ 21，196pp.
吉野正敏・福岡義隆編（2003）：『環境気候学』東京大学出版会．329pp.
吉野正敏（2003）：生気候による日本の地域区分．地球環境，8(2)，121-135.
吉野正敏（2004）：古代中国における季節認識と季節学の発展．日本生気象学会雑誌，41(4)，141-154.
Yoshino. M. (2005)：Agroclimatological problems in the Taklimakan Desert and its surrounding area in NW China. *Jour. Agric. Meteorol.*，61(1)，1-14.
吉野正敏（2010）：『地球温暖化時代の異常気象』成山堂書店，201pp.
吉野正敏（2012）：インドにおける熱波とその死者数・人間生活への影響．日本生気象学会雑誌，49(4)，131-140.
吉野正敏（2013）：『極端化する気候と生活－温暖化と生きる－』古今書院，216pp.

索　　引

〔ア　行〕

〔カ　行〕

〔サ　行〕

〔タ　行〕

〔ナ　行〕

〔ハ　行〕

〔マ　行〕

〔ヤ・ラ行〕

〔A ～ Z〕

〔著者一覧〕
神谷俊彦　気候環境研究会　理事長
三河支部長
愛知教育大学非常勤講師
細野正俊　気候環境研究会　理事
尾張支部長
愛知県稲沢事務所
橋本寿朗　気候環境研究会　理事
名古屋支部長
（株）アイエンス　環境・副部長
冨田宗治　気候環境研究会　理事
尾張支部
三輪　英　気候環境研究会　理事
尾張支部
愛知県一宮市役所

〔編著者紹介〕

大和田道雄（おおわだ　みちお）
1944年生まれ。気候環境研究会会長，愛知教育大学名誉教授。
筑波大学理学博士，自然地理学・環境気候学。
（主な著書）
『*LOCAL WIND BORA*』（吉野正敏編，東京大学出版会），
『名古屋の気候環境』『豊田の気候環境』『矢作川流域の気候』（荘人社），
『NHK 暮らしの気候学』（日本放送出版会），
『伊勢湾岸の大気環境』（名古屋大学出版会），
『都市の風水土』（福岡義隆編，朝倉書店），
『環境気候学』（吉野正敏・福岡義隆編，東京大学出版会）ほか。

大和田春樹（おおわだ　はるき）
1975年生まれ。気候環境研究会副会長，アイシン・インフォテックス株式会社。
東京大学博士（環境学），自然環境学・乾燥気候学。
（主な成果）
「中国半乾燥地域黄土高原とその要因に関する研究」（地理学評論）ほか。

書　名	**都市環境の気候学**－気候変動に伴う都市の高温化と名古屋の熱中症対策に向けて－
コード	ISBN978-4-7722-5318-5　C3044
発行日	2018（平成30）年8月20日　初版第1刷発行
編　者	**大和田道雄・大和田春樹**
	Copyright　©2018　Michio OWADA and Haruki OWADA
発行者	株式会社 古今書院　橋本寿資
印刷所	株式会社　理想社
製本所	渡邉製本株式会社
発行所	**古今書院**
	〒101-0062　東京都千代田区神田駿河台2-10
電　話	03-3291-2757
F A X	03-3233-0303
振　替	00100-8-35340
ﾎｰﾑﾍﾟｰｼﾞ	http://www.kokon.co.jp/
	検印省略・Printed in Japan